品成

阅读经典 品味成长

跑赢

成功不止一种定义

逆袭丁姐 ——著

人民邮电出版社
北京

图书在版编目（CIP）数据

跑赢：成功不止一种定义 / 逆袭丁姐著. -- 北京：人民邮电出版社，2022.10
ISBN 978-7-115-59930-8

Ⅰ. ①跑… Ⅱ. ①逆… Ⅲ. ①女性－成功心理－通俗读物 Ⅳ. ①B848.4-49

中国版本图书馆CIP数据核字(2022)第158626号

◆ 著 逆袭丁姐
责任编辑 袁 璐
责任印制 陈 犇
◆ 人民邮电出版社出版发行 北京市丰台区成寿寺路 11 号
邮编 100164 电子邮件 315@ptpress.com.cn
网址 https://www.ptpress.com.cn
三河市中晟雅豪印务有限公司印刷
◆ 开本：880×1230 1/32
印张：6.75 2022 年 10 月第 1 版
字数：145 千字 2022 年 10 月河北第 1 次印刷

定价：69.80 元
读者服务热线：（010）81055671 印装质量热线：（010）81055316
反盗版热线：（010）81055315
广告经营许可证：京东市监广登字 20170147 号

前言

跑赢自己
定义你的成功人生

每个人都有资格追求成功

我从 2019 年开始做自媒体创业，有幸收获了 2000 多万名粉丝，也认识了很多女性朋友。在跟粉丝互动的过程中，我发现她们的年龄跨度很大，有大学生、刚入职场的年轻人，还有已婚已育甚至于孩子都已经成年的女性。尽管她们处在不同的人生阶段，但我发现她们存在同样的人生困扰：内心不够自信，精神不够独立。事实上，在跟身边女性的接触中，我发现也存在这个共性问题。

很多女性存在对成功的不配得感。她们觉得成功是可望而不可即的，是别人的人生才能有的高度。她们认为自己注定平平无奇，尽管十分羡慕别人活得光鲜亮丽，但也只是在“在家带娃”和“外出打拼”之间摇摆不定，没有勇气做出真正的改变。每当理想与现实的冲击涌上心头时，她们总是用“还是算了，我没有长相，根本不行”或“我没人家的学历，去哪儿都没竞争力”等理由宽慰自己，说服自己放下心中涌动的对变得更好的渴望，继续过着眼下的日子。

我们每个人都有资格追求成功，内心天然有着对超越自己的渴望。为什么有些人能够心有所想就义无反顾，而有些人却总是踌躇满腹，在纠结中蹉跎岁月呢？在我看来，根本的区别在于精神的独立性。一个精神独立的人，才有追求自我的底气，当在做自己的路上被质疑、被评判时，才有强大的内心去抵御外界的声音，果敢地朝着坚定的方向努力。

我的人生已经走过 40 年，充实又丰富的生活阅历让我找到了自己的人生道场。很多人把我作为榜样，但我更希望她们能够把我作为一个例子，明白每个看似普通的人，都有可能做出不普通的事情。我没有优渥的家庭条件、绝对胜出的外貌，也没有学历的光环，能够在人生道路上有番成就，要感谢的是独立且自信的自己。当然一路走来，我得到了很多帮助，我相信“天助自助者”，一个相信自己有本事跑赢自己的人，一定会吸引很多人和资源来帮助自己，那成功就是水到渠成的事。

所以，你我都有资格追求成功，也都有机会活出不平凡的人生。

跑赢的关键，在于明确自己的奔跑方向

我希望每个女性都有“野心”去追求成功，但要找对奔跑的方向。每个人性格不同，人生梦想也不一样，想要过怎样的人生，完全取决于内心

的诉求。你我没必要去效仿他人，重要的是心无旁骛地追求适合自己的人生。成功的维度多种多样，这就像是大自然包罗万象，每一棵树、每一座山、每一片海、每一朵花都有自己的美丽。我们不该把成功标签化，认为只有事业强者才是成功者。这种观点是对个体独特性的抹杀。

能够享受为人母的幸福，是一种成功。我外婆跟我讲过一个故事：有钱人家吃饭时用金砖垫桌子，而穷人家吃饭时几个孩子抬着桌子。哪里有太阳，孩子就把桌子抬到哪里去，一家人其乐融融。在跟粉丝的交流中，我发现很多女性年纪轻轻就已经是几个孩子的妈了。对于这点我是十分羡慕的，因为每个孩子都是一份希望，都有无限的发展可能。如果一个女性特别喜欢小孩，渴望把生儿育女作为自己人生的价值所在，能够享受为人母的幸福，这样的人生，怎么不算是成功的呢？

能够在培养孩子的过程中获得成就感，是一种成功。我有一个闺密，在有孩子后就成了一名全职妈妈。她花大量的时间和精力去阅读、去学习怎么做个好妈妈，跟儿子建立了非常舒服的相处模式。她把孩子教育得很好，在遇到问题时，孩子总能自己找到妥善的处理方式。有一次孩子们去郊游，我闺女和她儿子坐在同一辆大巴车里，后面坐着一排小孩。其中一个小孩一直踢他们的座椅，我闺女感觉不舒服，但没有说话。这时候男孩起身对后面的孩子说：“我很不喜欢你踢我的椅子，所以我跟你沟通，请你停止自己的动作。如果你还是继续这样做，那我会告诉老师。”一个小孩子竟然有如此清晰的思维，这跟他妈妈的教育是分不开的。一个全职妈妈，能够把孩子培养得如此优秀，还有什么比这更成功的呢？很多这类女性感受不到幸福感，是因为不知道自己已经获得的就是别人羡慕的。事实上，一味追求物质上的成功也是一种病态。

能够在物欲横流间悠然自得地做自己，是一种成功。还有一种女性，她们精神富足，两耳不闻窗外事，不在乎别人是怎样的，只在乎自己过得开不开心。她们不去跟别人比较，不会因为舍与得而彷徨，把每一天都过得十分从容。这种女性的存在本身就是一道风景。能够无视外界的喧闹，遵从内心去淡定、喜悦地体验每一天，当然也是跑赢人生的一种方式。

能够在爱情面前做个大女主，是一种成功。还有一种女性能够在爱情面前游刃有余，她们清楚自己想要怎样的情感生活，修炼出超高的爱与被爱的能力，进可攻退可守，拿得起放得下，既可以让自己享受爱情，也不会因为爱情迷失自我。她们深知爱情及生命中的任何一种感情，都只是生命的一部分而不是全部，并能自如地控制自己的头脑及身体。这也是一种成功。

也有一种女性像我一样钟爱职场。无论是上班打工，还是独自创业，我能做出一些成绩，在很大程度上源自我享受职场。我很享受自己在攻克一个个职场难题中收获的成就感和价值感。我能够有现在的成绩，关键在于选对了属于自己的赛道。

所以，任何人都可以获得成功，关键要找对自己的赛道。事业、感情、家庭、自我……无论在哪个赛道上修炼，只要让自己沉浸其中，获得内心的安定，就可以打开属于你的成功大门。

与其向上生长，不如向下扎根

这本书是我的第一部著作，我通过心灵、职场、关系三个层面总结了自己对于做人、做事的体验与心得。在我看来，我们每个人修炼人生的逻辑是相同的：与其向上生长，不如向下扎根。

告别怨念心

你要学着对自己的人生负责。很多人内心蠢蠢欲动，也想让自己成为万众瞩目的烟火。但是他们缺乏自信和勇气，于是产生很多怨天尤人的念头，指责时运不济，抱怨资源不佳，埋怨环境不利，用这些障碍把自己束缚在一个不如意又没魄力跳出的状态里。因此，告别这种画地为牢的自我状态是迈向成功的重要一步。

这个时代是伟大的时代，短视频的爆发让很多普通的人生腾飞。但事实上每个人的成功都不是偶然的。只有主动成长的人，才有可能借势而起，随风绽放，走得长远。听听自己内心的声音，想想自己最渴望的人生是怎样的，思考下让自己内心活得富足的路径在哪里，这是当下我们每个人应该做的。这本书，能够帮助你去找寻属于自己的主场。

向下扎根，滋养内在生命力

如果把人比喻成一棵树，向上生长指的是地面之上枝干的枝繁叶茂，而向下扎根指的是地面之下根茎的发达。正所谓“本盛末荣”，根茎发达了，枝叶才有可能茂盛。向上生长，在于个人能力的提升；向下扎根，在于自身内心的成长。一个人只有内心不断成长，才有力量去提升能力。印度瑜伽大师萨古鲁说过，人类所有磨难的唯一解药就是自我转化。如果有一天，你在体验生命、感知生命的方式上发生了维度性的转变，你就可以披荆斩棘。

所以，不管你目前拥有怎样的社会角色，是教师、医生、白领，还是宝妈，想要成功，消除怨念很重要，学会向下扎根更重要。这本书，能够让你学会给自己供给心灵营养；也希望能帮你在认知生命的维度上实现转化。

别想太多，向着目标奔跑

很多人的问题在于想得多，做得少。有些人可能确实能在很多维度获得成功，但我们大多数人的精力和能量是有限的，能够在一个人生维度上跑出别样的风景，就已经是很好的人生答卷了。所以，如果你想要的太多，那这本书会帮你斩断贪念，学会对人生做减法。

主动给人生做减法，才有心力在一个维度上义无反顾地翻山越岭。任何维度上的成功都需要代价，会遇到逆境。跑赢自己的必修课，就是能够在逆境中成长，而不是被障碍拦截。回头看走过的路，我发现自己成长最快的几年，正是我开始创业后没有领路人、没有资源人脉、没有背景，全靠自己的那段时光。那个时候，我唯一考虑的就是怎样把创业这一件事做好，这种心力使我遭遇困难时从没想着退缩，短暂纾解下情绪后，继续上阵。跨越逆境的过程是对自己内在力量感的修炼。在逆境面前，你每一次解决了问题，就会感受到一次鼓励，久而久之，你的力量感就得到了提升。这其实就是成年的你我提升自信的有效方式。

本书叫《跑赢：成功不止一种定义》，我非常喜欢这个书名，它精准地诠释了我对人生成功的看法。或许你有疑问：每个人在生活中都需要扮演很多角色，比如既是孩子的妈妈，又是公司员工，不应该学着去平衡人生的多维度吗？为什么丁姐要主张选择一个内心渴望的维度去纵向成长呢？

在我看来，你只有选择了一个确定的奋斗方向，才能坚定地向前跑。一个人把时间投资在哪儿，就容易在哪儿收获。我投资事业，在事业上会收获更多；你投资家庭，在家庭上会收获更多；她投资孩子，在孩子上会收获更多。你总要选择一个角色去用心演绎，把自己的智慧、时间和精力用于向下扎根，你才有可能成功。最怕的就是你选择了一个方向后，又觉得另外一个方向更好。

一个领域的精进意味着其他领域的暂时牺牲，但并不意味着舍弃。万事万物都是相通的，如果你在一个领域足够卓越，那么你的优秀会迁移到对其他角色的演绎上，结果是其他维度上的发展也不会太差。在追求事业成功的道路上，我经历过很多别人没经历过的困难，但我为人处事、解决问题的能力都得到了锻炼。正所谓大道归一，在跟家人、同事的相处上也更加和谐融洽。

人的肌肉是有记忆的，肌肉的记忆会跟随身体一直存在。有些记忆，大脑已然忘却，肌肉依然记得。人的内心也是有记忆的，当你能够在人生某个方面做得优秀时，你获得的经验和自信会滋养到内心，使你的内心更充盈。那么，你在其他人生角色上也不会做得太差。因为你的整个内心都得到了提升。

每当大脑放空时，我都会想起北京三里屯的一个很小很小的插花店，这家店经营了几十年，插花店的老板娘总是安静地摆弄手中的花，任熙攘的人群来来去去，仿佛外面街道、商场的喧闹与繁华都与自己无关，她显得那么与众不同。

我希望所有的女性，都可以活出这份专注。那么，无论选择怎样的生活，你都能拥有心无旁骛的坚定与富足。

逆袭丁姐

2022 年 5 月于北京朝阳

目录

第 1 部分

心灵蜕变

第 2 部分

自我提升

第 3 部分

关系管理

让自己

拥有

跑赢人生的

勇气

第 1 部分

First Part 心灵蜕变

为什么
你总是自卑，
而我总能坚信
我可以

关于“自信”这个词，我们可以简单理解为：相信自己。无论遇到怎样的难题，你都相信自己可以攻克，那么你就是个自信的人。很多人可能没有意识到，自信是一个人成长的基石。一个有勇气的、乐观的、有韧性的人，首先应该是一个自信的人。当然，如果一个人缺乏自信，就容易产生自我怀疑，不敢尝试、不敢冒险、不敢试错。很幸运，我是一个自信的人，无论遇到任何挑战，我都能坚信“我可以”，于是满怀信心地去尝试。哪怕碰壁了、失败了，我也很少会产生自我怀疑的想法。接下来，我分享一些变得自信的方式和方法。

自信

不自信的两大典型表现

不自信的人会有什么表现？根据我对身边朋友的观察以及跟粉丝朋友的互动，我发现不自信的女性太多太多了，这些女性基本可以分为两类。

第一类：不敢定目标

定目标是我们为取得想要的成果所采取的一种简单方式 。目标越清晰，达成的可能性越大。你定下清晰的目标并不断为之努力，目标一定会回应你。关于这一点，我后面还会更深入地分享自己的体验。

我自己创办的公司目前有上百名员工，开会、听员工汇报是我每天的工作之一。我发现很多员工在汇报工作的时候，往往只说"我上个星期做了什么"，这样的汇报让我听得一头雾水。员工长篇大论总结了很多事儿，却没有重点，也没有节点。这就是因为他没有给自己定目标，别提月度目标、季度目标和年度目标，连基本的周工作目标都没有。

很多人在工作中看上去很有干劲，执行力很强，但是却不敢给自己定目标。这可能源自两个心理动机：一个是害怕目标定低了，显示不出自己的业绩和成就，在领导面前不够出色，自己面子上也难看；二是害怕目标定高了，自己最终完成不了，更不好交代。

因为没有定目标，所以不敢往前冲，自然也不会有大的成绩。在我看来，这就是大多数人在工作上的不自信。

不仅仅是职场员工，很多管理者也不敢定目标，典型表现就是害怕被下属提问。如果下属问“咱们这个项目的挑战是什么”“哪里可能存在执行困难”时，管理者马上就会偃旗息鼓，没有推进的信心。因为他对于自己在做的事缺乏完整的判断和逻辑，又没有主心骨，一旦遇到质疑，就会退缩。这也是不自信的表现。

第二类：压抑自己的需求

这类人的典型表现：羡慕别人，贬低自己。

很多女性，不管在职场上，还是家庭里，都习惯了压抑自己，她们努力做出讨好别人的样子，为了迎合别人，不惜委屈自己。她们在外面迁就朋友，迎合领导、同事；在家里讨好老公、公婆、孩子。无论在什么时候，都以别人为主，自己的需求永远被排在最后。

为了讨好和迎合别人，她们不敢提出自己的需求，这就导致很多年轻妈妈从来不敢直接表达出自己想要的东西。我跟我的粉丝关系很好，她们跟我连麦或给我私信时，常会说这样的话："丁姐，你活得真好，你现在这个状态真好，你有美满的家庭和自己热爱的事业。你看我，我现在已经是两个孩子的妈妈了，可没有学历，我如果现在想出去工作，应该也没人要我了吧。"

又或者，"丁姐，我长得不好看，没有任何背景，也没有一技之长，做什么都做不好。这辈子大概就这样了吧？如果我一毕业就去大城市打拼，也可能是另一种命运吧"等等。

每当听到这样的话，我都觉得很难过。你有没有发现这些话的共通点？她们都在羡慕别人，贬低自己。

如果一个人把别人看得很高，而把自己看得很低，是很难改变自己的状态的。越是谨小慎微，越是高看别人、贬低自己，越难迈出改变的一步，越难过上自己想要的生活。

自信，是不恐惧、敢决定、抗风险

自信，就是不恐惧。在很多人眼里，我是一个风风火火、敢想敢做、自信又果敢的女人。但我想说，自信不是因为我天生有多么好的资源、背景、条件，而是由多方面因素共同促成的。

我想结合自己的真实经历来说明这点。

小时候，我可以算得上是班上的“丑小鸭”，虽然没有多么出色的外表，但我的组织能力和表达能力不错。我的老师和父母也经常表扬和肯定我在这些方面的特长，这让我在这些方面变得越来越自信，也几乎成了我在学生生涯中自信的源泉。从小学到大学毕业，我一直都担任班长、学生会主席等职位，这些所得并非因为我成绩优异，而是全靠我自己建立了自信主动争取来的。

父母、老师的肯定是我自信的基石。所以在别人害怕、退缩的时候，我敢于去承担；在别人没有勇气去争取一个东西的时候，只要我想要，我就敢于表达自己的需求。因此，每一次竞选班干部、学生会干部时，我胜出的概率都很大。此外，因为自信，在别人怯场时，我特别喜欢主动发言，展现自己。久而久之，我练就了很不错的演讲能力，荣获我们县演讲比赛一等奖、全市演讲比赛第二名。这些小小的荣誉增强了我的自信心，为我成年后的工作和创业提供了很大的帮助。

不过我的经历中也有反例。我天生属于大脸盘，小时候我妈不经意说过几次我的脸盘大，这个无心之举，使我很长时间都觉得自己脸大不好看，不敢把头发扎起来，从来不觉得自己好看。直到很久以后，我自己有了对美的判断标准，才跟自己的脸盘和解。

再说回来，与身边大多数普通人相比，我并没有过硬的能力，但总体来说还是一个非常自信的人。我的自信，很大程度上来自父母的教育，他们给我的永远都是正向的、保护式的爱，他们从来不拿别人家的孩子跟我做比较，也不打压我。所以，这种肯定的爱给予我无限鼓励，让我无论做什么事，只要想做，就没有丝毫犹豫，更没有自我怀疑。

自信不等于孤芳自赏，只有通过做事情来证明自己，才能让自信越发有底气。所以，我的自信，还有部分源自我敢于踏出去、敢于实践。“踏出去”是成事的关键一步，一个人如果不敢向外踏步，那么获得多少鼓励都没用。敢于尝试，才能够有机会获得别人无法获得的成果和经验。

自信，就是敢决定。对于一个自信的人而言，任何的道听途说、苦口婆心，都仅供参考，最终要不要做、怎么做，决定权在自己。

拿创业这件事来说，我选择创业时，身边很多人都劝我：

“不要创业，创业不适合你。”

“女人要以家庭为重。”

“创业失败的概率很高，折腾一圈回头把自己十几年的积蓄都搭进去了。”

……

他们肯定是出于好心，也坚信事实是这样，才会劝我。但我向来都是自己决定做与不做。对于别人的良言，我虚心听取，但主意还得自己拿。

我想创业的初衷很简单——赚钱，而且我特别喜欢折腾，总有想要去挑战和实现的事情。通过打工活不成我想要的样子，而通过创业则有机会去实现自己的人生目标和愿望；但是我没有幼稚到认为创业必然能成功，我有勇气去接受创业可能出现的结果——失败。如果创业失败，我能借此积累经验，这些经验可以让我受益终身。所以，创业于我而言，没有失败，即便我赔了钱，也能够赚到经验，能够防止以后重蹈覆辙。当我这么思考后，也觉得创业对于我就是一件稳赚不赔的事儿，多么划算！

大多数女性不自信，正是因为缺乏自己做决定的能力。不管自己想要什么，只要别人三言两语，她们就乱了头绪。她们会觉得每个人说得都很有道理，于是开始思考，开始犹豫不决，最终不了了之。

所以，学会自己做决定是人生中非常重要的一件事，再怎么强调它的重要性都不过分。独立做决定的挑战在于你要有独立思考的能力和足够强的摄取信息的能力。做决定难，做一个尽量客观的正确决定就更难了。但是请不要气馁，这种能力是可以训练出来的，需要你每次在做大大小小的决定时练习有逻辑地思考。我在制定一个决策时，常会思考三个问题：

* 我想要什么？怎么做会让我内心更加安宁？（关于内心的安宁、喜悦，几乎是贯穿本书的一个核心，是我认为的幸福的终点）
* 如果去做这件事，会面临什么风险，最坏的结果是什么，我能承受最坏的结果吗?
* 如果不做这件事，又会怎样?

当遇到事情要做决策时，你可以按照这种思考方式问问自己，答案可能会不一样。

关于你想要什么，你得学会不自欺，非常诚恳地去面对这个问题。如果你想要的是赚更多钱，那你的决定是直接为这个目标服务的，你所有的行动就不要偏离了这个目标。要学会在做决定的过程中化繁为简，看到真实的内心，直面自己的需求，直到目标来回应你。

自信，就是敢于承担风险。我是天生乐观的人，我发现身边厉害的人大多都是乐观派。我不喜欢悲观的人，也难以跟悲观的人共事，因为他们总是看到事情最坏的一面，并把它作为自己不行动的理由。

但是，乐观不等于只做不想，从不考虑坏的结果。真正的乐观是考虑到做一件事情会出现的最坏结果，并经过理性评估后认为自己能够接受最坏的结果，于是大胆去做。

你必须要乐观，同时也要做好承受悲观结果的准备。人生世事无常，唯一不变的就是人生永远都处于变化之中。很多人不理解这一点，致力于追求绝对的安全感，对事情的判断和接受能力就很弱，遇到不在掌控之中的情况几乎就会失去冷静。因此，我们在做出一个全力以赴的决定时，得失心要轻一些，得之淡然，失之坦然。

为什么我能在重重阻力下，在客观上存在很大风险的前提下，还能坚定地做出创业的决定？因为我想到了最坏的结果，并且评估后觉得自己可以承受、能够坦然接纳，所以我才敢于去做。

敢于承担风险的第一步是预见风险。当你能预见做某件事的最坏结果，你才不会在做事过程中因为“未知”而恐惧彷徨、患得患失。所以，能够预见风险是非常重要的一项能力。有了这项能力，你才能不盲目地闯荡，也才不会因为不确定的“未知”而轻易放弃。

我们每个人都不是天才，能成事的人并不是因为拥有高人一等的优势，而是因为他们能够在选择做一件事的时候，预见哪怕失败了，自己也不恐惧、不后悔。

敢于承担风险的第二步是能够接住风险、变失为得。什么意思呢？只要做事就会有失败的可能，拥有变失为得的心态，才能够不让失败吞噬你的自信。有些人失败了，赔了金钱，还丢了自信；而有些人失败了，却能够变得更自信。原因就在于这一点。

所以，只要你能接受这件事的最坏结果，那就去做吧！

我经历过的失败数不胜数，其中有几个经历让我记忆犹新。

第一个经历是我上高中的时候，自作主张去做兼职。当时觉得做导游很好，既可以赚钱，还能去全国各地旅游，于是我就费了点工夫考取了导游证。原以为有了导游证，当个导游不是梦。可现实是，旅游公司都不要我，我一家家应聘，一次次被拒绝。很多人被拒绝的次数多了，就会自我怀疑，我反而不会。我当时思考的是：我这么优秀，还能没人要啊？这家不要我，下家肯定行。反正谁不要我，是谁的损失，乐呵呵地继续找下家就是了。

很多人有自信做事，却没自信承受打击。这类人往往事前做了充分准备，并对好的结果充满信心，当事情发展跟预期不一样时，就会备受打击。事实上，我们有能力做好自己，却没有能力管控外界。把自己的最佳状态调动出来，无论结果怎样，都要做好接受的准备。在我看来，应聘导游就是一次面试，这是双向选择的事，有看中我的，自然也有没看中我的。被拒绝的概率至少有一半，多么正常。

第二个经历带给我的打击更猛烈。我来北京的第一份工作是在北京一家著名晚报做广告销售。每天打 300 个电话，要被拒绝 299 次。你一定想象不到这种体验有多么糟糕。我们在生活中都一定接到过推销电话，想象一下我们自己的反应就能对我的体验感受一二了。对方要么马上挂断，要么还不耐烦地骂几句。所以整个工作过程让我负面情绪爆棚。每天被打击 299 次，那种滋味太痛苦了。即便如此，我也没有丧失自信。我只是觉得：销售这类工作并不适合自己。后来，我也确实再也没做过销售。

当你能够承担风险，客观看到生命中出现的各种“不适合”时，你会发现：每一次经历，不管成败，都能够为未来提供助力。你要学会调整自己看待问题的角度。例如，遇到挫折时，不要觉得是上苍对自己的惩罚，而是思考自己能从这件事中学到什么。成功的经历让你更加自信，而失败的经历则让你清楚自己哪里用力不对，那么接下来就应该换赛道，然后继续自信奔跑！

正因为有这样的心态，我才能够把生活中的失败作为人生错误选项的过滤器，变失为得。

第三个经历是 2014 年时，通过观察市场和自身感受，我产生了一个创业想法，就是做一个二手奢侈品交易平台。因为一线城市的很多年轻人追求名牌，但刚入职场工作，买不起，于是就去买二手。而且当时人们的环保意识已经很强，很多人愿意把闲置的名牌包拿出来卖。我觉得这是非常好的商机，于是说干就干。可是我当时没有资金，难以直接做个大平台，于是便从基础做起，做了一个公众号。为了推广，我让朋友孙楠帮忙设计了推广卡片，我们两个甚至还跑到地铁里发，请人关注公众号。你可以想象，这得遭受多少白眼和恶言恶语啊？但我们并不在意。我们的目标是推广公众号，如果找 10 个人，其中只有 1 个人关注了，那我们后续就有可能做成一笔交易。孙楠的性格跟我相似，她也不在意这些。虽然项目最终没成，可是却反而让我更自信。因为后来二手奢侈品交易平台的流行和爆发式增长，让我确信自己具有很好的判断力和前瞻力。我坚信自己在趋势预测、商机把握上能力很强。平台失败了，不是因为我能力不行，而是缺少外部资金的支持。

此外，我还做过很多疯狂的事，比如我参加过艺考，考过主持人，考过演员，摆过地摊。最终，都失败了。而因为能够预见风险、承担风险、变失为得，反而在一次次疯狂中变得越发自信。

世界上没有什么事是不切实际的，我年轻时做过的这些尝试，都是我对一个个梦想的最好告白。尽管没有实现，但我没有遗憾，它们的存在反而让我更加与众不同。

最后再想想，不做这件事会怎么样？人生，学会做减法是很好的。这是我创业多年之后的一个心得，刚创业的时候项目越多越好，越忙越好。现在已经走过 6 年，我不会像刚开始那样什么都想争取，什么都想要。原来的我会想做了这件事有什么好处，现在的我会想不做这件事有什么好处。包括其他的方方面面，我都开始做减法，所以在出发之前问一下自己，这个事情是不是非做不可，有没有其他选择？

现在的我依然每天需要面对各种困难和考验，只不过我不允许自己沉浸在不安的情绪状态里。生活虽困扰不断，但我内心坚定。我尽力做出正确的选择，我发现，当我这样去生活和工作时，正确的事情便会发生。这不是天赋，这只是人生中一次又一次的选择。

当你坚信“我可以”，才有可能了不起

对于容易消沉、悲观的朋友，我想结合自己的经历分享两个克服自卑、建立自信的建议。

脸皮厚一点，别那么敏感

不怕丢脸，你才不会丢脸。现在很多年轻人特别敏感，接受不了任何负面评价，很容易因为别人的看法而产生情绪。大多数时候，外界的评价只是就事论事，无足轻重，而他们却能够脑补出一出大戏，导致自己情绪消沉、心神不宁，存在这种心态的你怎么跑得过人家脸皮厚的人？

在我看来，过度敏感，本质上是一种内耗。

我给过度敏感的女性朋友推荐一本书，叫《钝感力》。读读这本书，可以让敏感的你学着钝一点，神经大条一点，脸皮厚一点，耳根子硬一点。尤其是遇到挫折和批评时，先别着急自我打击，要明确：对方批评的是事，不是你这个人。再说了，即便对方批评和针对的就是你这个人，你也要心态更稳一点，“没事，你想骂就骂，我该进步进步”。

我有一个直播助理，是个小姑娘。有时候她做错事了，我又着急，就批评她几句，甚至骂几句，但她从来不会闷头不说话，更不会委屈地哭，而是永远笑呵呵地说：“我知道了丁姐，下次一定改正！”

如果你是领导，面对这样一个人，你一定也讨厌不起来吧？在我看来，她就是一个钝感力很强的人，这种钝感力会让她以后的路越走越顺，因为大家都愿意跟她共事。所以，别总是幻想别人对你有意见、针对你。别人没有那么多心思去针对你，你没必要因为一点事就上纲上线。假如真的有人针对你，那更不该在意他，你不值得为一个与你为敌的人生气、内耗、自我质疑，不要用别人的错误来惩罚你自己，浪费宝贵的时间，直接忽略对方就好。

有一句口头禅我最近越发喜欢：多大点儿事儿啊。这句口头禅给了我很多心里暗示，让我练就出在大大小小的事情面前举重若轻的本事。

想做就做，大胆尝试，强化自己的判断

我上大学那会儿还干了一件猛事儿，就是前文提到的摆地摊。

当时我刚上大一，发现很多新生入学要买脸盆、衣架等生活用品。于是，我就在学校门口摆摊去卖，那次尝试，也算是赚到了第一桶金，虽然赚得不多，但这次经历让我非常有成就感。

你会发现，凡是你真的想去做一件事情的时候，你眼里看到的都是机会，不会先看见困难。虽然只是摆个地摊，但会面临的困难也很多。比如学校允许吗？学校里有小卖部，旁边有农贸市场，能卖出去吗？学生为什么会从我这里买啊？怎么进货？摆摊桌子怎么解决？如果我先去思考这些困难，我就根本不会去尝试这件事儿了。

无论你想做什么，都先看机会。如果你先去细数做一件事背后的困难，那什么都做不了。如果你真想做一件事儿，就大胆去做。在做的过程里，难题会一个个被解决掉。

回顾过往，我考过主持人证、摆过地摊、做过二手交易平台，有成功，也有失败，但对我而言，那些是人生某个阶段的我最想做的事儿，再给我一次机会，我还会那样选择。在我看来，所有的经历，无论好与坏，都是我人生非常宝贵的财富。

写到这里，我突然想到近年的一个经历。2021 年初，我刚开始做直播带货的时候，我每天坚持直播 6 ~ 10 个小时，嗓子喊到哑掉，可是每天的成交额也只有几千块，最多有 1 万多块。那时候我定下的年度销售额目标却是 3000 万元。除了我，没有人能相信这个目标能达成。也有不少人当面给我打击：你这种耗时间的方式没有任何意义、你不会卖货、你的账号内容不适合带货……但凡我钝感力差一些，都没有后来的故事。我的秘诀是我坚信“荷花效应”。

什么是“荷花效应”呢？一个池塘里开了一朵荷花，此后每天池塘里荷花开放的数量都会是前一天的两倍，比如第一天开 1 朵，第二天就开 2 朵，第三天会开 4 朵……如果第 31 天荷花开满了整片池塘，那么荷花开满半个池塘的时间是哪一天？

答案是第 30 天。

这就是“荷花效应”，指的是如果你想做成一件事情，并不是付出努力后马上就有回报和结果。只要你坚持去做，持续积累，那么成果会在未来的某一天突然达成。直到 2021 年 8 月 31 号，我完成了不到 900 万的销售额，但是在接下来的 4 个月，我超额完成了全年 3000 万的目标。当时我同事发了一条朋友圈，他跟我说：“丁姐，真的不可思议。”我说：“如果我们当时不敢定目标，这个目标就绝对无法达到。”

一个人的自信是在不断做事的过程中被验证和强化的。每一次的经历，都能够让我验证一些判断，好的加勉，坏的改正。我之所以能够自信满满，跟我过去的尝试分不开，正是过去的失败积累才让我更自信地在未来做出更正确的判断。

前文提到的同事，如果能够明白我说的这些，理解制定目标的价值，就不会只是跟我汇报工作过程而不做承诺。无论在生活中还是工作中，你都要学会主动做事，而不是被动做事。而只有学会自我制定目标，你才会有实现目标的主动性。你也会在以结果和目标为导向的过程中变得越来越强大。

前文提到的那位全职妈妈，她现在正在某个三线城市里挣扎、纠结，是继续在家里带娃，还是出来尝试一把，完成自己的梦想？

其实很多时候，当我们面对两个选项不知如何选择时，说明两个选项差不多。要么都不错，要么都不好。既然如此，何必纠结呢？内心想选哪一个，就去做吧。

很多事儿，只有我们亲自下场去试一试，才知道它的滋味儿。

有见识的人，之所以看上去很自信，是因为见得多，经历得多，对事情的判断就更有把握，做事儿当然就更有底气。

在本章的最后，我想用老子的“反者道之动”来收尾。它的意思是道的运动规律是循环往复的运动变化。矛盾具有普遍性，万事万物都有对立的两面，而且两者会向其对立面转化，触及临界点便返回，如此循环往复。所以一件事情，如果具有失败属性，那么一定也具有成功属性。这句话对我的人生有着绝对重要的指导意义，面对失败的时候我会看这个失败的运动方向即将给我带来什么好处，比如我 30 多岁的时候经历了个人身价随着所在公司上市暴涨到几千万后又归零的惨痛失败，但这事却让我学会了以平常心去面对世事无常——当我取得一些成功的时候，我也会时刻告诉自己，失败离自己也并不遥远。

我的自信来自于我可以接受失败，并且我懂得以什么样的角度来看待成败的利弊，这一点非常重要。

什么样的环境能让人精神独立

人生这条路，只要努力奔跑，就可以抵达很多地方。而对于每个人而言，只要坚定、勇敢地沿着自我欣赏的道路奔跑，就能够抵达一个美好的未来。能否坚定不移地朝着一个明确的方向奔跑，不彷徨、不纠结，跟一个人的精神独立性有很大关系。如果说自信是一个人成长的基石，那么精神独立，就是一个人走向自由的底气。一个精神独立的人，能够不在意别人的眼光，活在自己的目标里。

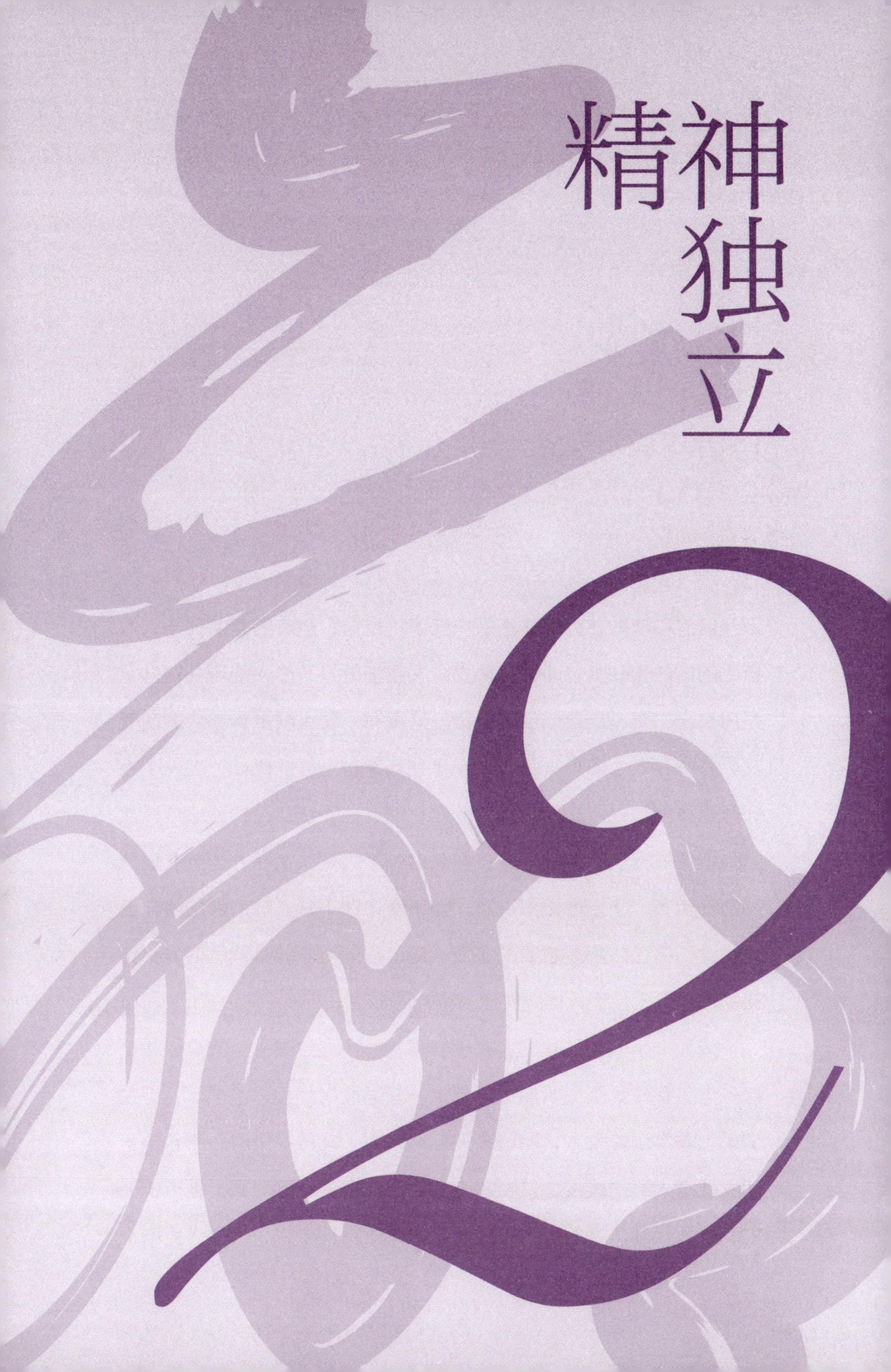

2 精神独立

自信与精神独立，完全不是一回事

自信和精神独立，并不是一回事。自信，更多的是指一个人对自己的信任和欣赏；而精神独立，主要指的是一个人能否在精神上关照自己，照料自己，自给自足。这里有一句令我刻骨铭心的话要跟你分享：人生的意义是什么？是独自穿过悲喜。比如，在一个人时能否享受独处；在面对外界的变化时，能否让自己快速适应，找到最能保护自己的生存方式；在面对一个重要决策时，能否有勇气为自己负责，坚定地做出决策。如果女人在不开心的时候能够自己去消化，自己去争取想要的东西，自己去面对低谷难熬的时光，自己能拯救自己，那么也就实现了精神的独立。

成为一个精神独立的人并不容易。很多人终其一生都难以做到这一点。有些女性（当然也不排除一些男性）虽然已经成年，但在情感上非常依赖家人，渴望天天黏着对方，在做决策时总寄希望于朋友或家人给出建议，只要遇上需要自己拿主意的时候，就六神无主，方寸大乱。这些行为表现就是典型的精神依赖，仿佛人生路上的每一片光景都需要别人参与，一旦缺少别人的参与和支持，自己既没有欲望，也没有心力去感受和体验这些本该属于自己的美好。

一个人是否具有精神独立性与成长环境有很大的关系。对于一个女性来说，她之所以缺乏精神独立性，很大程度上是因为她拥有了让自己形成精神依赖的成长环境。如果现在能够做出改变，就可以弄清楚自己人生道路上的障碍是什么，弄清楚自己为什么没有成长为独立而勇敢的模样。更重要的是，也可以在养育子女的时候有意识地“反其道而行之”，用更健康、自由的养育方式，让孩子成为精神独立的个体。

我很庆幸，父母在我精神独立的道路上一直给予支持。心理学家西格蒙德•弗洛伊德（Sigmund Freud）有个观点，一个人能够想起的最初的童年记忆，对其性格及人生的发展起到重要的影响。我能想到的关于独立的最初记忆是我 6 岁那年独自去买墨水的经历。

6 岁的某天，家人让小姨去镇上买瓶墨水。小姨当时 20 多岁，但转了一圈并没有买到。我妈妈就对我说：“要不你去试试？”我接到这个任务既兴奋又紧张，于是拿着钱独自出发了。那是我第一次自己出去买东西，大概走了 15 分钟，来到镇上的一个商场里，买到了墨水，顺利地完成了妈妈交代的任务。

当我回家把墨水给妈妈后，妈妈毫不吝啬对我的夸奖，她说：“你看我女儿，太能干了，她小姨都完不成的事情，她竟然独自一个人完成了。她这么小就敢一个人去那么远的商场买东西，太了不起了。”我之所以过去几十年时间，仍然清晰地记得妈妈当时对我的夸奖，是因为妈妈的这番肯定和夸赞对我的性格及以后的人生选择产生了非常深刻的影响。

现在回过头来看，妈妈的夸赞方式非常值得大家借鉴。她夸得十分具体，没有夸张，也没有泛泛地用“我女儿最棒”“我女儿好厉害”这类言词来表扬。她非常清晰地肯定了我独自买东西这件事儿，并且通过跟年长我许多的小姨做对比，来体现对我勇气和能力的认可。

我的妈妈是非常会夸孩子的人，她经常主动夸赞女儿的能力和做事的过程，而不是夸赞女儿的聪明、天赋。这种肯定式的引导让我十分关注自己做事的细节，也更有自信在以后的成长中做一次次的尝试。斯坦福大学的心理学教授卡罗尔•德韦克（Carol S. Dweck）曾经带领团队做过一个关于“表扬对孩子的影响”的实验，结果发现，被夸聪明的孩子大多数选择简单的任务，不愿意接受挑战，而被夸努力的孩子往往会拥有成长型思维，更愿意挑战难度大的任务，更有胆识去奋斗、尝试，迎难而上。虽然我不记得父母对我的全部夸赞，但仅仅这一个清晰的记忆，就让我体会到独立面对一件事情的小成就感。妈妈肯定了我独立完成任务的可贵之处，此后的人生我都尽量保持独立地面对我的人生课题。

当我为人母后，也十分关注自己对孩子的夸赞。我深信夸孩子时要多夸“努力”而不是“聪明”。因为夸孩子聪明，是对孩子天赋的认可，会让孩子形成一种天生的优越感。为了维护这种优越感，他就害怕犯错，害怕挑战，害怕失去“聪明”这个标签。为了保护自己的“聪明”，孩子会倾向于选择百分之百有把握的简单事情，活在舒适区里。而夸孩子“努力”，是对孩子行为的认可，那么孩子就会觉得，只要自己努力，自己就是优秀的。孩子会产生一种主动创造的使命感。于是为了维护这种使命感，他会更加用功、更加努力，更愿意去挑战困难的事情。孩子会觉得“因为努力，我考试得了 100 分”“因为努力，我交到了好朋友”。当孩子形成这样一种对“努力就有回报”的认可后，他就会更愿意努力，也坚信收获是用努力换得的。但是我也同时告诉孩子：不努力一定没有结果，努力了也不是一定会有结果的，要有豁达的心态。我不会让他在未来的路上因为没有获得他想要的成功而认为自己一无是处。这一点也非常重要，毕竟成功有时需要太多的运气。

再说回来，“你最棒”“你好厉害”“你太聪明了”这些夸奖词仿佛是为人父母的本能反应。当我们告诉父母们要学着去夸孩子的能力和做事的过程时，很多父母会觉得太难了，甚至都不知道该怎么说。

如果是这种情况，我建议可以在赞美词上给一个限定，即让孩子能够清楚地认识到：你对孩子的夸赞只是你对孩子的评价，不能代表所有人，变“你最棒”为“在妈妈眼里，你最棒”。因为孩子终究会离开父母，进入学校、社会，或许在父母眼里，孩子是最棒的，但是当孩子离开父母，走向社会，会从外界的反馈中慢慢发现，自己其实很普通，并不是最棒的，这时候孩子就会感到父母的评价与外界评价的相悖和冲突，甚至会觉得父母的话是谎言。所以父母在评价孩子时，尽量放低自己的姿态，让孩子清楚地认识到自己对孩子的评价只不过是自己的评价而已，不能代表所有人。“在妈妈眼里，你是最棒的”这样的夸赞是可以经得起任何考究的，既能够表达出妈妈对孩子的无条件支持，又能让孩子感受到无论别人怎么看，自己在父母的眼里永远都是与众不同的。更重要的是，这样的评价可以让孩子形成清晰的评价认知，不会过度自信。当社会评价不那么美好时，孩子也可以回到父母这里寻求安慰；当社会评价不那么支持自己时，孩子也能更坦然地接受。

其实，我们每个人在社会上都有很多个角色，身为父母，我们要学会夸孩子的具体行为，越具体越好。

“你的这个想法非常有创意，因为……”

“你非常独立地完成了这个任务，虽然遇到困难，但你并没有依赖任何人去解决，这很好。”

这种沟通逻辑也适用于我们跟其他人，比如跟同事、爱人、朋友的交流中。当然，我们更要学会去夸赞自己的具体行为，感受到自己对自己的无条件支持。我想这是很多女性最应该学习的一课。

我的表达欲很强，喜欢当众讲话，我想这跟我小时候受到父母及亲戚朋友的具体夸赞有很大关系。因为从父母、亲戚那里，我得到的反馈是我是一个表达能力很强、说话有条理的女孩子。这让我坚信我在语言表达方面是很擅长的。而这些具体夸赞，让我有自信敢于迈出独立的一步，更有勇气离开父母的怀抱去追逐自己想要的一切。

精神独立的对立面是精神依赖。一个人精神越独立，对他人的依赖程度越低。我们仔细思考会发现一个非常有意思的现象，父母越是关注孩子，给孩子越多肯定和爱，孩子越有力量离开父母的保护而独自翱翔；而当父母没有给予孩子肯定和关注时，孩子会反过来把目光放在关注父母上，为了获得父母的关注而用尽所有力气，到头来，孩子就成为一个依赖父母的人，不愿意离开父母，没有勇气独自翱翔。

培养精神独立性时很重要的一步，就是发现让你感受到激情、想要努力去追逐的事情。这件事情凝聚着你的兴趣、激情和想要超越别人的渴望。我们可以把这件事情称作梦想。它根植于你的生命深处，在环境的塑造下茁壮成长或被悄然扼杀。一旦被环境所滋养，它就可以肆意生长，最终成为你自信的源泉。

因为小时候喜欢表达、当众讲话、主持，得到的反馈也很好，慢慢地，我便爱上了受人瞩目的感觉。在我 16 岁时，我决定报考北京电影学院表演系。当时家族里的长辈有支持的声音，也有反对的声音。反对最强烈的，不是我爸妈，而是我的舅舅。要知道我舅舅是当时整个家族里发展得最好的一个，他见过世面，拥有一定的社会地位，也算功成名就，家人都十分尊重他的意见。因此，舅舅的反对意见对我来说无异于晴天霹雳。他认为学习表演特别花钱，不是一般家庭可以负担的；而且想要学成并将之作为谋生的工作，难于登天。舅舅见多识广，他的反对意见甚至动摇了爸妈最初的支持。如果内心不够强大和独立，或许我也会想“既然舅舅都这么说，确实是我太异想天开了，还是不做梦了。”但当时我并没有被吓退，反而为了获得舅舅的支持，给舅舅写了一封“独立宣言”。

舅舅，我以前听外公外婆讲过您小时候的故事。他们都说您是家里最不听话的那一个。您还记不记得小时候，您想做某件事，跟家里起了很大的争执，可是最后您还是坚持了自己的选择，所以才有了今天的成绩？现在的我就是当年的您。虽然我看似在做一件不可能的事情，但如果在我没尝试前就因为您的反对堵住了我前进的道路，我觉得这是不公平的。我觉得每个人都可以为了自己的梦想努力一把。

当舅舅看完我的“独立宣言”后，第二天就跟我妈妈说：“让她去吧，谁也不要阻止她了。”

后来，我的“独立宣言”在整个家族里传开了，很多同辈的兄弟姐妹都佩服我的勇气和魄力，觉得我怎么能够这么大胆地跟舅舅沟通。我想这件事也是我真正精神独立的一个表现，象征着我能够像个大人一样去跟其他人谈判、沟通，争取自己想要的。尽管我最后并没有梦想成真——成为一名演员，但我相信在追求精神独立的道路上，走过的所有路都不是弯路，而这股为自己去拼搏和争取的韧劲，也让我在日后的岁月里创造了无限的可能。

所以，一个人真正的精神独立体现在什么时候？在我看来，应该是第一次把自己作为独立的个体，为了争取自己想要的，去跟成人谈判的时候。我们常说有些孩子是“小大人”“早熟”，他们虽然年纪小，但是跟成人对话时能够有条理、有逻辑地说服对方，而不是用撒娇或者哭闹来让家长妥协。这些孩子往往在成长中比其他孩子要更容易实现精神独立；还有一些孩子，从来不敢冒犯家长，把家长视作权威，要么对家长的话言听计从，要么只能通过哭闹换得家长的妥协。他们在心理上是完全不独立的，在吃穿用上依附着家长，在情感上也不敢有独立的想法。这样的人长大后大多缺乏主见，很容易成为随波逐流的墙头草。男人可能会成为妈宝男，而女人则很可能成为恋爱脑，从依附父母转变为依附爱人。

孕育独立性，需要支持性环境

成为一个精神独立的女性，真的非常自由。这种自由是面对生活的未知所表现出的无所畏惧和一往无前。我深知精神独立对一个个体有多么重要，也目睹了太多精神不够独立的女性是如何活在纠结和彷徨中的。所以在我有了自己的孩子后，我会有意识地去避免孩子对自己的依附。

在我孩子两三岁的时候，我就开始用成年人的方式与她交流了。我从不把她当成一个什么话都听不懂的小孩，也从不会学着孩子的语气跟她交流，比如我几乎没有用过“桌桌”“凳凳”“饭饭”这类叠词。

妈妈们应该都体会过分离焦虑，在孩子还小时，只要自己出门，就要上演一场轰轰烈烈、撕心裂肺的离别戏。很多妈妈为了避免孩子的哭闹，会在出门前花费半个小时甚至更长时间来安抚孩子；在回家后给孩子带礼物，作为自己离开孩子的补偿。我并不赞同这种方式，因为随着孩子长大，他会慢慢地把离别视为一件对自己有害的事情，而且期盼着大人的补偿。如果大人没有买礼物，那孩子就会感到很受伤，甚至会因此产生更大的情绪。

我从不会这么做，而我的孩子也没有太过强烈的分离情绪。在她很小的时候，我就试着去告诉她我外出的真正原因，因为我要去工作。我会跟孩子说：“咱俩都是独立的人，只不过处在不同的人生阶段。人在每个阶段的任务都是不一样的。现在的你需要完成的任务就是健康长大，而我的任务就是要外出工作、赚钱，跟爸爸一起肩负这个家庭，赚钱购买我们生活所需要的东西，对不对？”

一开始，孩子因为小，可能根本听不懂。但随着每次分离时我都这样去跟孩子交流，她慢慢地就理解了，也能够理解分离是人生最正常不过的事情。事实上，用这种平等的姿态去跟孩子沟通，对双方都是有利的。当我用平等的姿态去跟孩子交流，期待得到孩子的理解时，也教孩子学会了倾诉。长大一些的她只要遇到困惑都会直接跟我打开心扉，期待能够得到我的理解。

比如，她前段时间在学校带头开了一个模拟的小漫画公司，主要就是卖小漫画。当然，孩子们不会用真钱去交易，而是用学校里发的小徽章。有一天，我看她心烦意乱，就鼓励她说，如果她的“公司”遇到什么问题，可以跟我商量，我或许能够给她提供一些思路。她告诉我说：“妈妈，最近我的‘公司’人才流失很厉害。因为另一个同学也开了一个漫画‘公司’，他画画比我好，我觉得比不过他。”我听完后很认真地帮她分析了一通，最后给出建议，我说：“你的漫画水平比不上他，但是你的人气比他旺，要不你换个项目做，考虑下差异化竞争？”

她并没有第一时间采纳我的建议，而是说要好好想想。我也并没有试图去说服她，反而很欣赏和尊重她的这点。能够独立思考，不轻易因为别人的建议而改变自己的主见，这是她思想独立的体现。第二天，她告诉我，谢谢我的建议，但还是坚持自己的漫画业务。她说："我要坚持下去，等坚持到别人都不想干的时候，那我的机会就来了。"

在这个过程中，她跟我一直是平等交流的姿态，并没有因为我是她的母亲、长辈而轻易听从于我。她愿意跟我交换意见，但又不会盲从我的意见。对于她的"不听话"，我很有成就感，因为这是我对她进行"独立"教育的结果。

孩子虽然因为父母来到这个世界上，但孩子是不属于父母的。父母与孩子之间并没有从属关系。对于父母来说，我们应该像对待朋友一样去爱护孩子、尊重孩子。当作为父母的你想要控制孩子，或者对孩子发脾气的时候，你应该先停下来想一想：如果面前的人是你的朋友，你还会这样对待他吗？你应该会选择尊重和倾听，会从为对方考虑的角度给出提醒和帮助，但绝对不会对对方的选择强加干涉，更不会动用暴力。孩子的心智或许还不够成熟，可能会犯一些原则性的错误。对于原则性问题，父母可以利用权威来干预、阻止，但是对生活中大部分不涉及原则的问题，应该像对待朋友一样与孩子相处。

我想，当父母坚信孩子有力量去面对他生活中出现的所有成长议题时，其实就是赐予了他精神独立的机会与勇气。这会化作孩子成长的营养，滋养他的内心慢慢变强大，最终敢于在人世间独自去翱翔。

想要让孩子精神独立，父母更要尊重孩子的独立意愿。那么孩子的独立意愿在哪里呢？兴趣和爱好就是最好的体现。很多孩子在课外兴趣班的道路上一换再换，经常半途而废，原因就在于他本身对这个兴趣班没有兴趣，这是父母的意愿，而不是孩子自己的意愿。

学习每一项爱好，都不是轻松容易的，想要把爱好发展成特长，孩子需要付出很多的艰辛和努力。如果孩子缺乏由衷的喜欢，就很难坚持下去。我给孩子报兴趣班的标准，从来不是“我觉得不错”，而是“你想不想学”。每次暑假寒假，我都会问孩子：“你想学什么，想好了，我就给你报班。如果你不想学，那随时可以跟我说，别勉强，可以随时换。”几年下来，她的兴趣班一换再换，但出人意料的是，她竟然把弹钢琴坚持下来。在我的认知里，钢琴可算得上是比较难学的一项爱好了，多数孩子都是边哭边学，无比痛苦。她竟然不太费劲地坚持了下来。这就是自然生长的结果，当外界不去干扰他、强迫他时，他选择做的事情一定是自己的兴趣所在。既然是自己选择的，他就不会在遇到挫折时出现叛逆和情绪，因为他需要对抗的不是父母，而是自己选择的这件事情。一旦能够征服它，成就感油然而生，而成就感又会成为他进一步努力的动力。现在她又对舞蹈产生了兴趣，我自知自己的孩子压根没有这方面的天赋，但我并不会干扰她的选择。自己是不是这块料，只有她自己试了才知道。

我很幸运，生在一个相对宽松和包容的原生家庭里。在成长过程中，父母给予我无限的支持，但并不溺爱我。这在我看来就是我最宝贵的成长财富，并有意识地把这份礼物传给自己的孩子，给孩子创造自由的成长环境。

一个人的成长环境对其是否成长为一个精神独立的人起着至关重要的作用。很多女性觉得自己不幸，成长在打压式教育的原生家庭环境中，导致现在的自己没有自信，不够独立，甚至用“幸运的人用童年治愈一生，不幸的人用一生治愈童年”来宽慰自己。虽然我们无法让人生重来，重新选择更理想的成长环境，但我们现在已然成年，可以选择如何过好以后的人生，我们依旧有能力去将过往的创伤最小化，通过修炼自己的心灵来弱化成长环境的影响，为自己再造更健康、更治愈的生活状态。

为什么我在写“精神独立”的前半部分时会做育儿分享呢？我想你们已经能够理解，我希望我们女人可以跟着我们的孩子一起再成长一次。

用精神独立清单，养育你的“内在小孩”

我所分享的育儿经验，其实同样适用于自我呵护。对于我们每个人来说，我们都可以假想自己的内在有一个大人、一个小孩，心理学将内在的大人称为“内在父母”，内在的小孩称为“内在小孩”。“内在父母”是更社会化、心智更成熟的自己，而“内在小孩”是更纯粹、更本真的自己。小的时候，我们每个人的“内在父母”都是自己的父母，我们用父母的标准来要求自己；现在我们已经成年了，可以将心智更成熟的自己作为“内在父母”，重新养育自己。所以，我们完全可以用成人的角色为自己的“内在小孩”创造一个更完整、更自由的环境，让自己从心里重新成长一次，让自己去独立选择、独立承担，以及独立享受自由生活所带来的满足感和成就感。

如果你还不知道如何养育自己的“内在小孩”，可以按照我给出的精神独立清单来做。当你真正遇到问题和做抉择的时候，按照这些方法来做，或许能够走出自己停滞不前的生活轨道，踏上更美好的人生之路。

需要做决定时，先给自己独立解决留出时间，不求助朋友、亲人

很多人不敢做决定，不是因为他不会做决定，而是害怕独立做决定所带来的后果。于是他们渴望别人帮自己做决定，以消除责任感。但事实上，人生路上的所有事情都是需要自我承担的。我在前文也有提到，精神独立是独自面对失败、痛苦，很多时候，你越害怕，越去回避，它唤醒你去重视它的代价就越大。我们每个人就像一棵树，如果被浇灌，就能茁壮成长，而如果不让它接受风吹雨打，反而会变得弱不禁风。一件事越是能给你带来恐惧，越说明它藏着让你强大的力量。痛苦的经历是成长的法门，拒绝痛苦和恐惧也就意味着可能失去了成长的最佳时机。独自直面痛苦，你才能跨越它，让它成就自己。这个方法的意义就在于能够训练你敢于自我决定。如果你能够敢于自我决定人生中的每件小事，那么你就可以慢慢走向独立，也更有胆识去迎接更大的风与浪。

学会自娱自乐，培养一个能带给自己幸福感和快乐的兴趣

一个女人的一生，不应只有家人和孩子，要学会不把快乐建立在对“和人的关系”的依赖上。如果一个人的幸福完全受制于关系

和他人，那他很难获得快乐。

我从不爱读书到现在爱上读书，就是因为无数次感觉疲惫、消沉的时候，我从书中感受到了力量和快乐。如果你也没有什么特别的兴趣爱好，我建议你多读一些名人故事，去看看那些人物在背后所经历过的常人难以想象的磨难。我们每个人的人生都会遇到至暗时刻，这是需要我们独自面对和承担的。只有独立迎接人生暴风雨的人，才能悠然自得享受人生的惬意与快乐。我尤其推荐梅耶·马斯克（Maye Musk）的传记《人生由我》。通过这本书，我们可以看到她是如何独立解决生活、工作和情感上所遇到的困难的，以及如何独自把三个孩子都培养出色的，甚至培养出了一个世界首富。不仅如此，在她培养孩子的这些年里，依旧坚持自己的梦想——做模特、考营养师、写书、创业，这简直就是一个女超人的故事。每当我感到面对生活无力的时候，我都会去读读这本书，从中汲取继续披荆斩棘的力量。

学习独处，学会掌控自己的情绪

这一点貌似很难，但是可以通过训练来习得。顶级击剑运动员在比赛中所表现出的自我防护行为，其实并非本能，而是在千万次训练中所形成的惯性反应。或许有些人天生爱独处，但是对于大多数人来说，独处和掌控情绪的能力，都需要在日常生活中不断学习、调整与完善。在生活中，你可以学着独立去做让自己开心的事情。比如一个人逛街、旅行，自己做美食，自己画眉毛，学个插花，自己做做手工。当你学着刻意去创造自我完成的事情，并感受快乐，时间久了，你就越能沉浸在这样的独立状态中，并感受到安全和愉悦，对于天生缺少情绪掌控能力的人来说，这一点的确是需要训练的。

不要被他人控制我们的情绪，这是精神独立中非常重要的一部分。我们需要有“精神力”，比如我的瑜伽老师发现我的背部肌肉力量比较弱，容易造成弓腰驼背，她会加强训练我的背部肌肉，让我的背部肌肉力量在训练中一点点增强，现在的我反而不驼背了。同样地，如果我们的“精神力”比较弱，心里没有能量，就会很爱生气，控制不住情绪，比如开车被人超车了就想骂人，有人说两句不好听的话就想跟对方吵架，非常暴躁，非常容易被控制、被影响。如果你也这样，那么学着做深呼吸，或努力控制自己 1 分钟后再发泄。当你努力给自己制造情绪缓冲期时，你的火气会大大消减，这就是一次情绪训练的过程。日常增加一些冥想、静坐、看书、运动，去做一些能让你成长的事情，能让你的心灵提升的事情。强烈建议大家去学习一点冥想，在沉淀自己、抚慰内心，甚至打开格局上，冥想以及瑜伽对我的帮助非常大，本书后面我推荐了相关的书籍。

坏情绪对人心力的消耗非常大，当我们能够通过情绪缓冲期来消解坏情绪时，也就意味着我们学会了掌控情绪，不被情绪牵着走，不再用坏情绪来伤害自己。

对于这个章节，我划个重点：我们女人并不是真的需要一个人为我们遮风挡雨。我经常说我们自己也必须具备为别人遮风挡雨的能力，你比你想象的要强大很多。女孩们如果有勇气在一件件具体的事情中掐断对别人的依赖，你的无限潜能会被真正激发，如果你此刻正感觉孤立无援，身边没有人能帮得了你，不要抱怨也不要自怜，你要感恩并且相信，你很快就能走上人生更高的台阶。我发现，从来没有哪一次独立、勇敢的，甚至带着一些担忧害怕的决定，在结果上让我失望过。如果不是那几次坚决选择听从内心的关键决定，我今天的故事或许将改写了。

见不得别人好的时候，如何反超与调适

嫉妒心，可以算得上几乎是所有女性（也包括男性）的通病。你可能被人嫉妒过，也可能嫉妒过别人。当同事比你漂亮、能力比你强时，你会心生嫉妒；当你比别人更出众时，自然也会招来嫉妒。不知你是否有这样的体验（如果你敢于承认的话），如果闺密不如自己，你还能真心地同情她、安慰她，但是一旦有一天她超越了你，变得比你更优秀、更光彩夺目，你或许就不自觉地心生嫉妒了。嫉妒之心，人皆有之。我们不仅要学会利用嫉妒心激发斗志，让自己变得更好、更强；还要学会掌握分寸，别被嫉妒情绪反噬。

嫉妒心

3

嫉妒的本质是自卑

如果一个人不知道自己的价值有多少，也就是我们常说的缺乏“自知之明”，那么最好的方法就是拿自己跟他人做比较。如果比较的方面自己比别人强，就会心生优越感；如果自己怎么比都觉得不如对方，就会心生嫉妒，“为什么她人缘这么好，而我没有？”“为什么我怎么比都比不过她。”一个自信的人不会跟他人比来比去，他可以坦然地接受“别人好”，但也能看到“我也不错”，这样的个体对自己的评价是有底气的；而一个总是渴望从与人比较中找到价值感的人，往往就是不自信的人。所以嫉妒的本质其实是自卑，是不自信。

一个自卑的人总觉得美好的生活在他处，眼里只看到别人有什么，自己没有什么。在这种对比下产生的情绪落差会让他变得失落、不甘心，甚至愤怒。

嫉妒是人性之中很奇怪又很普遍的一种情感，是几乎所有人类所共有的一种情绪本能。嫉妒具有无意识性，它深藏于人类的潜意识里，就像一团生生不灭的火焰，伺机吞噬人的理性，让人备受折磨。

从进化心理学的角度来说，嫉妒这种人类的情绪本能是帮助我们祖先生存下来的竞争力，它提醒祖先要时刻保持强大，以免面临“失去”的危险。比如，如果一个部落里，所有的男人都一样强壮，那么每个男人对女人具有同等的吸引力。但是当其中一个男人更身强体壮、更会打猎、更体贴温柔时，他对女性的吸引力就会更强，也因此能够获得更多繁衍的机会。这时候，部落里其他男人如果甘愿接受自己柔柔弱弱，那么他们就获得不了女性的青睐，失去竞争力，没有后代，逐渐被淘汰。为了生存下去，他们本能的嫉妒心就会被激发，因此努力锻炼自己，让自己更会打猎，更会与女性相处，更身强体壮，甚至为了获得绝对竞争力，直接找对方比赛，把对方打败，以此获得繁衍和生育后代的优势。

但是如果柔柔弱弱的男性在嫉妒心的驱使下，不是提升、改变自己，让自己变得更好来重拾优越感，而是让嫉妒心慢慢吞噬自己的理性，化为仇恨，去怨天尤人，甚至通过不正当手段去使坏，最终会自食恶果，害人害己。事实上，大多数人都不能战胜嫉妒心，在强大的自卑心的驱使下，善妒的人，一般都过得不好，至少不自在。

小妒使人进步，大妒容易伤神。嫉妒之心，人皆有之，最正常不过，关键在于一点：能否驾驭嫉妒心。

我在工作中也很容易滋生嫉妒情绪，但我会刻意去觉察并驾驭它。我以前有个同事，演示文稿（Power Point，PPT）做得非常好，虽然来公司的时间不长，但因为出色的 PPT 技能深受领导的肯定。于是，每次领导需要做 PPT 时都会找她，重要的活动也都点名要她参与。而本来这些事情都是我的，这自然勾起了我的嫉妒心，我有时候真希望她某个 PPT 出错，闹笑话，被领导骂，我肯定会很开心。我这样暗戳戳地希望别人掉进坑里，反而是我自己在内心与自己较劲。那时候聪明的领导和同事可能都已经察觉了我的小心思，但是也并没有揭穿我。我的自尊心让我一边嫉妒，一边暗地努力，疯狂恶补 PPT 技术，尽力缩短自己这个方面跟别人的差距。等我因自己的技术提升而受到夸赞时，我的嫉妒情绪突然就消失了，油然而生的是自豪和成就感。这件事情虽然很小，却让我在驾驭嫉妒心方面上了很大一个台阶。

所以，如果能够把握好、驾驭好嫉妒情绪，它就能够促使我们奋发上进。虽然它带来的情绪感受并不美好，甚至十分痛苦，但如果能及早觉察并把它视作对自己的鞭策，就可以去激励自己变得更优秀，以超越他人。这时候，嫉妒就是天使。但是，如果受嫉妒心的驱使而做出损人不利己的事，不是通过成长自己的方式而是通过拉垮对方的方式来幸灾乐祸，那它就会化身恶魔，反噬自己。

所以，嫉妒心的存在并不可怕，它是天使还是魔鬼，关键在于你的驾驭能力。

你可以羡慕，但不能嫉妒或恨

在阐述如何提升自己对嫉妒的驾驭能力前，还有一个重要的情绪认知，需要我们去习得。在生活中，我们经常听人说到“啊，真是羡慕嫉妒恨啊”。羡慕、嫉妒、恨，其实是三种情绪，但本质上可以看作是“求而不得”的心理滋生的三种情绪层次。

羡慕是一种积极情绪，是对他人拥有的事物的一种爱慕和向往。羡慕这种情绪包含着对对方能力的认可，以及对自我能力的积极期待，它可以促使个体去将对方视作目标而努力追赶。比如你觉得对方能力比自己强，因此心服口服，并努力精进；你觉得对方长得比自己好看，因此学习穿搭，积极减肥，提升自己的颜值；你觉得对方的房子比自己的好，家庭条件比自己优渥，因而期盼自己有朝一日也过上这样的生活。因此，羡慕是一种正常的、积极的情绪，它激发个体去向着更美好的事物靠近。

如果一个自卑的人，对他人所拥有的东西心生羡慕之心，很容易化为嫉妒心。所以我们可以说，嫉妒是自卑的人羡慕情绪的进一步演化。因为自卑的人不相信自己有能力获得渴望的一切，他觉得自己技不如人、低人一等，甚至认为自己永远无法得到想要的东西，因此当别人拥有而自己没有时，往往产生外归因，觉得“为什么他拥有，而我没有？”“为什么他要出现在我的生命里”。为了消除自己的自卑情绪，他可能会想办法消除“眼中钉”，因为他认为，只要对方引人注目的光环消失了，自己就可以重拾光芒，回到被人关注和爱戴的生活里。在嫉妒心的驱使下，自卑的人会选择破坏性的行为。比如一个自卑的女性，跟公司同事关系很好，但是年终却发现对方的年终奖比自己的多，这时候她心里就产生嫉妒了。等同事在工作中产生失误，被领导责骂时，她就会不自觉地产生喜悦的感受。虽然表面上还去安慰同事，但内心其实是窃喜的。这种“只要你比我好，我就受不了”的心理基本上出现在所有自卑的人身上。

强烈的嫉妒心能够滋生出恨。在嫉妒心的驱使下，人会幸灾乐祸，但不一定做出对对方不利的行为；而一旦嫉妒转化为恨，那就意味着个体的注意力全部放在了破坏对方、伤害对方上，通过对方的痛苦来获得快感。所以泛滥的嫉妒心首先扼杀的是一个人的精神面貌，它会造成强烈的情绪内耗，把所有的心思都放在如何破坏他人上面，身心被笼罩在仇恨的阴影里。很多青春期的孩子甚至是大学生，缺乏理性和自制力，当因为身边同学的优秀产生嫉妒心时，往往会采取极端手段来报复对方，最终种下恶果。

强烈的嫉妒心会让一个人失去跟别人的联结，让人长期活在匮乏感里，习惯性地去否定和诋毁别人。有着强烈嫉妒心的人倾向于外归因，把别人的成功归结为家庭背景或运气；而自己为了摆脱深层的自卑感，只愿意跟不如自己的人相处，享受往下比较中所产生的虚假优越感。

摆脱嫉妒心

接下来，我结合自己真实的心理过程，来教你如何掌控和摆脱嫉妒情绪。

小时候，我也很爱嫉妒别人比自己长得好看，刚工作时会嫉妒别人能力比自己强。随着经历的增长，现在的我很少嫉妒别人了。我的心理转变，并不是因为回避对人性阴暗面的承认，而是我在两个方面做了精进和成长。

把“嫉妒”变成一个有意识的管理过程

我们有可能摆脱嫉妒心吗？没可能。那是生命存在的方式，希望自己比别人好。但你要有意识地管理你的嫉妒，不要让它在你的身体里疯狂地奔跑，让你痛苦，甚至于扭曲了人格。那如何管理我们的嫉妒呢？

我们每个人都不是完美的人，现在的我已经 40 岁了，我深感人生苦短，应该把所有的时间花在自己身上。因此，我训练我自己只关注自己的事情，别人其他的一切都跟自己没关系。别人过的好与坏，是升职还是降薪，都与我无关。我只关注自己的生活和未来。我越发坚定：我想要的生活只有靠自己努力才可以实现。即便别人过得再差，也无法让我的生活变好。人生路上，都是各自奔跑，想要经营出最好的人生，我们根本没有时间去对别人的生活产生嫉妒。我知道，每个人、每一种生活都有他自己必须面对的难题。

成长的必修课，就是与自己和解。我们要学会看到自己的不完美，并接纳不够完美的自己。当你真正能够去接纳真实的自己，并把对别人的羡慕转移到对自我的欣赏和羡慕上时，你会发现世界真的不一样了。你不再去嫉妒别人有钱，嫉妒别人好看，因为你能够坦然面对生命的真相：每个人的一生都有自己的生命议题。关注别人，嫉妒别人，只会消耗自己的心力；把对别人的关注和羡慕放在自己身上，才能积聚能量。心态对了，心境好了，自己能够吸引的美好也随之增加，生活反而更容易如己所愿。所以，放下对他人的嫉妒和恶念，本质上是还自己关怀和自由。

我们常说有些人运气很好，经常好运连连，而有些人却一回也不走运，运气很差。在我看来，一念天堂，一念地狱。一个内心负能量爆棚的人，是不会有好运的；而总是有好运降临的人，往往都充满正能量，永远对他人心怀祝福和支持。所以，好运也是人的能量所吸引来的，想要拥有好运，先让自己成为一个心怀阳光和感恩之心的人。

建立正确的自我认知，清楚自己能做什么，不能做什么

我们每个人的人生轨道都是不一样的，基因不同，成长环境不同，阅历不同，最后的生活状态和人生追求也都不同。有些人能够实现财务自由，生活富裕，潇潇洒洒的；有些人则虽生活条件一般，可内心很富足，拥有幸福的家庭；还有的人嫁给了又帅又高又多金的理想伴侣；而也有人选择悠然自得地一个人过好这一生。

人无完人，幸福也不只有一种定义，成功更不止一种可能。一个人最重要的是清楚地知道自己哪里强，哪里弱，怎样做才能让自己过得更好。至于他人的生活，我们姑且就看作是一道沿途的风景，没必要为此跟自己较劲，更没必要拿自己的不足去对抗风景的美丽。你有你的美丽，我有我的繁华。如果别人抓得一手人生好牌，我们给予羡慕和祝福；当我们自己抓到一手好牌后，那就在把人生活出繁华时，尽自己之力去帮助身边的人，让别人也获益于自己人生的美好，获得外在的祝福和反馈。

人生本就不完美，自然就有遗憾。很多粉丝朋友都觉得我活出了女人想要的人生，但事实上我也有遗憾，比如我会羡慕儿女双全的妈妈们。我也想要给自己的孩子一个成长的伙伴，这是我人生最为遗憾的地方。但是转念来想，有两个孩子的妈妈，可能就不会像我现在这样能够更自由地经营事业，不会像现在有如此多时间去开发自己最大的潜力，也就难以像现在获得这么多工作的快乐和成就感。

我有时候也羡慕年轻人，他们精力充沛，活力四射。由于工作需要，我们经常拍摄或者直播到晚上 12 点左右；结束拍摄后，我

已经疲惫不堪，而年轻的小伙伴们还会约着去酒吧，第二天早晨他们依然精力旺盛，满脸胶原蛋白。而我一晚上睡不好，第二天状态就很差，气色不好。所以我也会羡慕、嫉妒年轻人的青春状态。但我很清楚自己现在脸上的每一道皱纹，都是我在人生路上战斗的痕迹。我用每一道皱纹换来了而今的经验、阅历和强大的内心，这些都是年轻人可望而不可即的。所以我会利用这份羡慕和嫉妒去激励自己要更珍惜时间。我会让自己的每一分钟都紧迫起来，从睁眼起床到闭眼入睡，把每一分钟都花费在创造美好价值的事情上，不让时间轻易流逝。

这就是人与人不同的地方。人生的道路上没有输赢，只是选择不同。对于你我而言，每个人只能选择一条道路前行，我们无须为沿途的风景驻足，坚定了方向，往前奔跑，就可以获得自己想要的成功。

我想，喜欢我的朋友，很多都是喜欢我现在的状态。这并不是因为我多么成功，我多么好看，而是因为我活得已然很通透，可以放大生命中的好，缩小生命中的坏。我们每个人都是一个小宇宙，只要把自己的小世界、小宇宙玩转了，让小世界充满了美好和爱，就真的没时间去旁骛左右了。因为，你已经成了别人羡慕嫉妒的一道光芒。

能够驾驭嫉妒心，需要过程和时间，需要你学会发自内心地认可自己，更需要你有强大的内心来滋养出自信，由内而外修炼出云淡风轻的平和，才能在面对人生的惊涛骇浪时披荆斩棘。

最后，分享给你三个消除嫉妒心的小技巧。当你面对一个人，再燃起嫉妒之火的时候，试试看，或许会好很多。

第一，问问自己：对方能取得这样的成就，一定是付出了与之匹配的努力。那么，你是否愿意付出那样的辛苦来换取那样的成绩呢?

第二，鼓励自己：人生道路上很少有零和博弈的，别人的成功并不意味着自己的牺牲。每个人都可以凭靠自己的努力来争取更美好的人生。因此，如果你羡慕对方，那就把对方视作自己的一个奔跑目标，鼓励自己：我完全可以通过努力，变得跟他一样好。

第三，赞美对方：嫉妒，本质上其实是对被嫉妒者的一种变相认可。因为有真羡慕，才会有真嫉妒。所以你要看清嫉妒的本质是羡慕，并试着把内心嫉妒的小恶魔驯化，变成对对方的赞美，大方地送给对方。当你能把内心的羡慕夸出口时，你内心的小失落、小嫉妒，也会被消解掉。陌生人的成功对你毫无影响，那就把你嫉妒的人从心态上也当陌生人处理。记住，你的内在是你自己决定的，任何人无法左右。

等到下次嫉妒恶魔再光临时，记得试试看。每一个女性生来都有自己独特的美丽和可爱。所以要记得：别让嫉妒丑化了自己。

嫉妒心的问题，可以说我们每个人多多少少都曾经面对，我面对自己曾经的嫉妒心也并不感觉羞耻。利用好人类这种争强好胜的心理，靠自己跨越过去掌控它就会有成长。成长和收获都伴随着喜悦，这种喜悦会让人敞开心胸，感受非常美妙。人生是一场没有终点的修行，我脸上的皱纹多一点，内心的皱纹就少一点，人生得以更加舒展。我认为的跑赢，从来不仅仅指财富，还有克服嫉妒，坦荡行走在天地间。他们也是在人生道路上跑出了自己气场的人，是人生赢家。

放大魅力，让自己被看见的途径

渴望被关注、被看见，是每个人的内心需求，对于女人更是如此。正因为渴望成为别人注意力的焦点，所以女人的嫉妒心才如此强烈。为什么每个人小时候都有过明星梦？因为明星是活在聚光灯下的，一举一动都备受瞩目，美貌和才华得到了充分的展示。他们是“被关注”的典型个体。虽然我们普通人不能像明星那样受人拥簇，但生活本就是一个大舞台，只要创造条件绽放自己的魅力，依然可以获得关注和认可。学会提升自己的女性魅力，是每个渴望被关注的女性的必修课。

4

被关注

不做情绪的奴隶

有魅力的女人往往具有很强的情绪控制能力和情绪化解能力，不会做情绪的奴隶。在我看来，能否掌控情绪，可以作为评判女性是否具有魅力的标准。一个脾气暴躁、情绪泛滥的女人，魅力值绝对不高；而一个情绪稳定，处处散发着优雅、恬静的人，绝对魅力十足。有些女性把直爽作为个性，常常把“我这个人心直口快，很容易得罪人，如果说了什么不好听的，你别介意”挂在嘴边。在我看来，这是缺乏情绪控制能力的表现。心直口快，并不是什么有魅力的特点，而是没能管住自己的口。一个管不住自己语言的人，可能是受情绪奴役的人。

在前文，我提到过一个建议，就是在你想要发脾气时，给自己一个情绪缓冲期，冷静一段时间再去表达，去做决策。度过了情绪缓冲期后，你会发现自己的情绪已经消解了一半，语言和行为上也更理性一些，这对人际关系和个人决策都有益处。

掌控情绪，不是靠忍。如果只是懂得控制情绪，那情绪只会被压抑下去，但不会完全消失，所以我们还要学会化解情绪。控制情绪，只能扼制情绪对当下行为反应的影响，学会化解情绪，才能习得更健康的与情绪共处的方式。这就如同控制情绪是控制阀门，化解情绪是换一个更通畅、更健康的管道。能够时常面带笑意、笑颜如花的女人，并不是没有情绪，而是有更健康的化解情绪的方式。

女性面对情绪的反应方式能够体现出其掌控情绪能力的高低。

比如女人跟老公吵架，基本上有三种反应。

第一种，她不会生闷气，必须大喊大叫地吵出来。即便老公想要躲出去，那也不行，拽过来吵，立马吵，不顾情面地吵。这种女性缺乏基本的情绪控制能力。

第二种，她不跟老公大吵大闹，而是选择沉默，把委屈和怒火都憋在心里。在以后的几天里，她都闷闷不乐，过不去这个坎。这种女性懂得控制情绪，但是不会化解情绪。

第三种，她不会大吵大闹，在老公气头上时，她控制自己不去用情绪碰情绪，等到老公情绪消解时，她会倾诉自己的委屈，甚至有能量去倾听老公的情绪。整个过程中，她能控制自己的情绪，也懂得化解自己和对方的情绪，不让情绪影响到关系，也不让情绪憋在自己心里。她能觉察到情绪的火苗，并进行调节，最终让情绪成为关系的润滑剂，而不是毒药。

控制情绪是基础，化解情绪才是目的。我们提升情绪的自我控制能力，是为了找到更好的与情绪相处的方式，让自己不受情绪的伤害，使身体和心灵都获得平和。每个人都会产生情绪，如果缺乏很好的与情绪共处的能力，就容易被情绪所伤。我们常说“情绪的伤，身体知道”，尤其是对女性来说，如果缺乏健康的情绪管理能力，在情绪面前就很容易失控，精神、身体、心灵都会受到很大伤害。研究发现，如果一个女性缺乏健康的情绪管理能力，其外在形象和面貌都会受到损害，而很多女性患有子宫、乳腺等身体疾病，也跟常年缺乏良好的情绪调节能力有很大关系。

你最好有点远见

如果别人让你不开心，不如你意时，你的情绪就开始泛滥，那你其实是在由别人控制自己的情绪。印度瑜伽大师萨古鲁说“如果别人能决定你的内在此刻发生什么，这是终极的奴隶。”生命，不关乎别人，只关乎自己，关乎你自己是一个怎样的生命。别人的生命是怎样的，那是别人的选择，但我是怎样的一个生命，是我的选择，是我的生活方式，不管别人做什么，我仍然是这个样子，因为我没有给任何人特权来吓倒我，让我生气，让我不开心，这些特权我只留给我自己。是时候你也该这样做了，我们每天周围发生的所有事情都不由我们决定，但是关乎我们自己的内在，必须是我们决定的，这就是我要告诉你的远见。你要训练自己去朝着自己想要的样子转变。要知道，每次情绪来临的时候你改变不了其他人，但是你可以让自己的内心更稳定。

打破情绪重复的模式

大多数人都没有意识到，自己有着固定的情绪模式，在不同的情景中会重复相同的情绪反应。当你尝试着总结一下自己最近经历的产生情绪动荡的几件事情，甚至总结自己在小学、大学、婚后经历的情绪崩溃的时刻，你可能会惊讶地发现，自己的情绪在不同阶段的不同情景里因为类似的原因崩溃过一次又一次。比如因为爱人对自己的轻视而深夜痛哭，因为工作上的不顺心而委屈不已，因为事情不顺从自己的意志发展就情绪爆棚，这些情绪反应其实跟小朋友要不到糖就哭泣没有本质的区别。都是因为得不到而哭泣，这就叫情绪的“阴沟”。或许你的“物质身体”一直在成长，“精神身体”一直在曾经跌倒的原地打转。事实上你可能从来没有从这个阴沟里出来。人的情绪可以成长或原地打转，可是很多人并没有意识到这一点。如果能摆脱和走出这个情绪的小循环，人就能更大程度地达到情绪的平和与稳定，这需要强有力的训练。是时候开始训练你的情绪稳定能力了，不要让情绪成为你的束缚，去摆脱你的情绪小循环吧，这是我认为的真正的成就。

会赚钱的女人更有魅力

有魅力的女人要有赚钱和理财的能力。或许我们在常识上会觉得“女人负责貌美如花，男人负责赚钱养家”，仿佛女性最好不要沾染金钱的铜臭。这个观点太老旧了，早该被摒弃了。有魅力的女性，搞得定情绪，也能搞得定金钱。

一个能够赚钱或理财的女人，更容易保证精神的独立。喜欢我的朋友，还有一个原因是我靠自己的能力赚到了钱，有了自主选择的自由，有了生活和事业的话语权，活出了自己想要的样子。

会赚钱、会理财，事实上体现的是一个人的财商。有学识和学历的人，智商好；懂得情绪管理的人，往往情商高；而会赚钱、理财的人，财商高。

一个成熟的、有魅力的女性，绝不会是恋爱脑，整天活在感情里。社会很现实，有脑有财的女性，会给魅力值加分。可能有人会说：“丁姐，爱物质的女人不肤浅吗？”我所说的“会赚钱的女人”并非渴望通过他人来改变自己的物质条件、满足自己安逸享乐需求的拜金女。我说的物质，需要自己去创造。能自己创造物质条件、对自己狠的女人，才是真正的人生大女主。这就意味着女人要学会投资自己，不仅要提升自己在某些方面的硬能力，还要提升自己的财商，建立正确的金钱观、理财观。

红顶商人胡雪岩是清末富商，他的一生非常传奇，最初他是什么都不会、一无所有的孤儿，从最初进入阜康钱庄当学徒，到成为钱庄老板，他只用了八年时间。在以后的人生中，他驰骋于商场、官场，在两大战场上都做到了极致，被称为天花板级别的商圣。从胡雪岩的人生事迹上，我们可以学到两点：深入学习一个领域，让自己成为专家；在领域内选择最有用的方向去学。他跟着会做生意的人学做生意，最终成为比老师更厉害的生意人；当他发现心算非常利于自己开展业务时，他就把所有休息的时间都用来学习心算、珠算。

他的事迹可以带给我们很大的启发。如果你想成为一个有魅力的人，一个会赚钱的女性，那就要学习。

有赚钱的本事

想要赚钱，首先要有能赚钱的本事。首先，要学会在一个领域有所沉淀，让自己具有可以赚钱的能力和技能。现代很多人看似很爱学习，但是却没有方向，今天学习 PPT，明天学习演讲，后天学习美食自媒体经营，天天很忙，浑身散发着努力学习的劲儿，可最终什么都没学好，什么都没学透，导致自己在任何领域都不算是具有差异化竞争优势的能力者，那么想要实现能力变现就无异于天方夜谭了。

想要实现学习变现，通过学习到的技能赚到钱，那就要选择一个适合自己的领域去深度学习，努力提升。如果你没有特别感兴趣的方向，可以选择当代社会需要的技能去提升自己，“社会需要什么技能，我们就学什么技能”这个原则或许不能满足你的兴趣，但肯定是最务实的学习变现之道。比如现代社会是短视频时代，你就可以尝试去学习短视频拍摄、剪辑的技能。我们公司有一个北京的白富美，工作还挺努力的，一开始工作找不到焦点，总想多学点东西，想学产品美学陈列，想学时尚化妆，想学短视频制作，想学的东西非常泛。我跟她讲：“你的优势就是特别会花钱买东西，审美好，可以把你这30年来沉淀的本领用到工作上，让我们公司的视频、达人都可以更加时尚，拍摄的内容更加容易种草。你把这个优势发挥到极致你就是人生赢家。职场上不需要木桶原理，不要想着去补短板，一定要疯狂地加高长板，让你的长板足够长，使别人无法轻易代替你。

我们公司有一个特别会赚钱的编导。他原来是一个动画师，网感好，作品的表现力好，当他发现动画这个专业并不怎么容易变现的时候，他便瞄准了更有市场前景的真人拍摄市场。于是，他开始学习真人拍摄，专攻这个领域，不中途变道，咬住目标就不放松，也不三心二意，结果坚持了一年后，从动画师成功转型成为真人拍摄师，但其实他的优势一直都是网感和表现力，只不过他换了一种表现形式去体现优势。现在，他在公司做真人剧场的编导，年薪已经实现百万。

人不能在家懒散着，越懒散越没有斗志。我以前总是不理解，一些年轻力壮的人为什么放着大好的时间不去奋斗，就愿意用各种方式去虚度时光，哪怕是学个简单的手艺也比在家“葛优瘫”强。疫情期间，长期的居家让我悟出了这背后的道理，因为奋斗了几十年的我居然有了一丝贪图安逸的心理，有那么几天我居然啥也不想干了。我发现这一丝心理之后马上就让自己动起来，看书，做计划，在家开直播，总之让自己找到一个积极的状态，不然躺着的时间越久我需要对抗懒散的时间越长，就像是掉进了一个沼泽地一样，只能越陷越深了。

有理财的技能

会赚钱很重要，但会理财更重要。想要实现能力变现，要有硬技能。但是通过硬技能来赚钱拼的是能力、精力和体力。随着我们每个人年龄的增长，每个人的体力和精力都在走下坡路，纯靠劳动时间来换得收入的方式就会越来越吃力。因此，我们还要学会如何让钱生钱，获得“睡”后收入，这就是理财的能力。人这一辈子最应该关注的就是如何用你的钱去生钱，用你的资产去变钱，这就是查理·芒格（Charlie Thomas Munger）所说的复利的力量。在查理·芒格看来：理解复利的力量，是理解很多事情的核心。所谓的复利，其实就是在有限的时间里，将有限的财富和精力持续地投入一个领域，长此以往，最终产生的积极结果会像滚雪球一样越滚越大，给你带来超乎想象的回报。

复利这个思维很简单，也是你一定要学会的理财思维。我们可以通过一道选择题来了解复利思维。

A：我每天给你 100 万，一共给你 30 天。

B：我第一天给你一块钱，第二天给你两块钱，第三天给你四块钱，第四天给你八块钱，以此类推，一共给你 30 天。

你选哪一项？

很多人凭直觉，想都没多想，就选择了 A。但事实上 B 给的钱更多。选择 A，实际上你能拿到 3000 万；但选择 B 累计算下来，有五亿多！

这就是复利的价值。很多人缺乏复利的思维，根本不知道如何去理财。即便赚到了很多的收入，他们也选择放在银行里，又或者赚到就花了，享受于当下。我们每个人都应该做的事就是忘却过去，尽量为未来着想。

俗话说，你不理财，财不理你。你可以从阅读投资理财类的书或者学习理财课程开始，让自己增长一些投资理财的知识；你也可以多查阅一些理财资料，针对性地研究一些理财应用程序以及银行理财品种，学着去攒钱、存钱，用复利的思维让钱生钱。

在理财这件事上，心态也很重要：要沉得住气，别把理财当作生活的核心。这方面我会遵守一个原则：你拿去投资的钱，即使全部亏掉，也一定不能影响自己当下的生活质量。很多人买了理财产品后，天天趴在上面看涨了还是跌了，甚至辞掉工作专职在家研究基金和股票。这完全是本末倒置的做法。我通常购买了理财产品后，就不怎么花时间去关注它了，差不多半年、一年我才会翻出来看看，以决定自己是抛还是追加。今年我买的股票亏得很惨，但我没有情绪的波动。炒股只是我生活的一个调味剂，能赚当然好，如果赔了，也不会影响我的生活。我的重心在工作上，而不是投资上。如果一个人抱着理财的初衷去投资，结果却把大部分时间都放在了这方面，情绪也跟着起伏不定，那就完全错了。我们理财的任何举动，都是为了让生活变得更好，更自在，更快乐，而不是给自己找一个牵制心力和情绪的砝码。

以上是我对学习和赚钱的理解，也是我最重要的底气。女人有了底气，才真的有魅力可言。

保持好的身材和体态

重要的事情说三遍：身材很重要，身材很重要，身材很重要。有魅力的女人一定要保持好的身材和体态。很多女性把大把的精力花在化妆上，却忽略了女性魅力最本质的一点——体态管理。你涂多贵的口红，用多贵的眉笔，打多贵的粉底，旁人很难一眼看出来。但如果你体态很美，别人就能够从人群中一眼看到你。

那么，怎么保持体态美呢？

办健身卡，打卡健身房？一旦办卡了，你就生懒癌了，根本不想去。每天坚持运动？这个要靠意志和自律来完成，几乎很难坚持下来。我推荐一个省时、简单、好坚持又随时可以做的体态管理办法，那就是吃完饭后，靠着墙根站 10 ～ 15 分钟。你坚持做一两个月，效果立竿见影。你会发现自己的腰板挺直了，肩膀打开了，不再像以前一样弯腰驼背了。当你把这个简单又好做的方法养成吃完饭后的行为习惯，你的体态美就可以得到保证。

对女性来说，发型很重要，因此除了管理体态，还需要管理发型。好的发型可以使颜值加分，而不合适的发型则会让颜值大打折扣。所以我建议大家常去理发店打造适合的发型，可以的话两周打理一次头发，护理自己的头发，让头发简单、有型又有光泽，会让你魅力值加分无数。

此外，气色管理也不容小觑。早睡早起很重要。可惜，对于这点，现代都市人很少有人能做到。如果实在无法坚持早睡早起的习惯，那就可以学着去冥想。冥想这项活动不受时间和场地的限制，可以让你短暂清空大脑，实现身心由内而外的畅通与平和。很多国际明星、世界 500 强的企业家都习惯通过冥想来进行精力管理。

冥想是一项大脑训练，通过训练大脑来改善你的情绪，提升你的专注力。冥想几分钟的效果，比得上熟睡一小时。这对于气色管理十分有效。

冥想其实很简单，就是你闭上眼睛，通过意念去想象自己希望达到的状态，并保持在这个状态里，实现身心的统合。做完几分钟的冥想后，你会感觉自己整个人都是舒展开的，放松的，积极向上的。

我每次做完冥想的时候，睁开眼，都能感觉到自己的两个耳朵突然间都放松了。在平日里，我根本没有意识到自己的身体时刻处在这样的紧绷状态下，进入冥想状态后，我感觉整个身体得到全然放松，连耳朵都得到放松，体内的血液都感觉在身体里涌动起来。

如果你感兴趣，可以找一些冥想课程去体验下，相信会有不错的收获。这是我进行气色管理的绝妙方法，分享给你，让我们一起做身材好、体态好、气色好的魅力女人。美国教授克丽丝蒂 • 麦克奈丽（Lama Christie Mc Nally）有一本关于冥想的书叫《冥想的艺术》，推荐给大家。

做一个灵魂有趣的女人

奥斯卡·王尔德（Oscar Wilde）说："这个世界上好看的脸蛋很多，有趣的灵魂太少。"

我认识的很多女性，有房有车有孩子有钱，该有的都有，但灵魂有趣的女人却实在屈指可数。她们中规中矩地看待这个世界，花是花，树是树，山丘是山丘，云朵是云朵，这种生活观非常正确，正确到无可辩驳。但是她们的成熟中唯独缺少了趣味，没有了孩子般对这个世界的好奇心，我不知道，她们会爱自己吗？本节内容，与其说是给你的建议，倒不如说是我个人的追求。

女性魅力管理，可以从情绪管理、财富管理、体态与气色管理来着手，但最本质的一步还是要关注自身的成长。更直白点说，你要爱上自己，让自己成为一个有趣的人。

我一个闺密，40 多岁的人了，突然在某个深夜给我打电话，要跟我一起去一个精酿酒吧喝一杯，原因只有一个，听说那个精酿酒吧有一款水果味道的啤酒好评度挺高。她并不怎么喜欢喝酒，我更是滴酒不沾，但她真的非常想知道这款啤酒到底是什么味道。就这样我们披上衣服就一起傻乎乎品酒去了，她喝到微醺的时候拉着我给她拍照，说她自己现在美到醉人，怎么拍都是一副孩子般的开心神情。很多人可能无法想象 40 多岁的人，怎么能干出这种事情，自然也就体会不到我们在那个瞬间肆无忌惮地品尝的乐趣。

很多女人把精力放在了怎样去跟丈夫、家人、孩子相处上，却唯独忽视了自己。如果一个人没有了自我，那她是很难找到真正的幸福的。因为对每个人而言，幸福的源泉都不在别人那里，而在自身的成长上。

女人啊，你要做的不是用尽力气去讨好身边人，满足所有人对自己的期待，而是要看见自己可爱的部分，并把它无限放大。让自己成为一个热爱生活、热爱自己的人，身边人才愿意朝你靠近。我们与世界所有人的关系，归根结底都是跟自己的关系。当我们真正能够爱自己，带那个可爱的自己去闯荡人间时，会有更多人爱上这个温暖而可爱的你。

还有一次，我跟我的朋友说我想去山西五台山看日落，就在当天，她开着车带着我和另外一个闺密从北京出发了。对于我们来说，一场说走就走的日落之旅是有一些困难需要是克服的，孩子需要人照顾，工作需要请假，但是当我们下定决心出发的时候，调动了全部的能量在很短的时间内处理好这一切，然后立刻就出发。在路上我们看到了最美的日落，听到了最好的音乐，一起撕心裂肺地唱汪峰的歌，仿佛那一刻我们安放在别处的灵魂终于得以慰藉。

一个可爱的人要能发现自己的可爱。每天去反观自己，有没有比过去更可爱点？问问自己：我可爱吗？什么时候的我特别可爱？别人为什么要爱我？别人会因为我的坏情绪、苦瓜脸、傻白甜喜欢我吗？

一个可爱的人要有自己的天地。如果连你都发现不了自己的可爱之处，那看来需要好好去培养和经营了。

> 你可以让自己保持对新鲜事物的好奇和感知，比如像一个小女孩一样去探访网红店；
> 你可以学着独处，比如去看看电影，沉浸在别人的故事里释放情绪；
> 你也可以给生活一些仪式感，比如去野餐、去逛公园、去户外徒步；
> 你也可以去培养自己的一个爱好，做饭、插花、乐器、滑板……都是不错的选择。

虽然我现在40岁了，但我现在正在学滑板。很多人劝我别学了，万一摔着了多危险。但我觉得我有这个热情，也享受这份快乐，甚至于摔倒在地的痛感都让我感受到自己对生命的热爱。

所以，我建议你也学着去培养一些小的生活爱好，让生活变得有趣，让自己更可爱。能管理和化解情绪，能赚钱又会理财，能保持好的形象管理，三者满足其一，你就已经很有魅力了。如果三者兼顾，又外加一点可爱的爱好和对世界的温柔、善意，那你真的是一个拥有超级魅力的女人。这样的女性，世界怎能不爱呢？

在本章的最后，我有几句非常重要的话想说。一个灵魂可爱的人不会站在道德的制高点上，肆无忌惮地指责他人的过错。她可以在没有人看到的地方，战胜人性的幽暗。

我是一个大多数时间生活在网络上的人，我的粉丝对我都非常的友善，这令我心存感恩。我们总能看见一些新闻，很多人因为网络暴力选择结束生命，因网络暴力而抑郁自杀的人数正在逐年上升。在没有人看到的地方，“键盘侠”用诛心的语言去伤害他人。一个可爱的人是对自我和世界心存善意的。你可以去关注自己，今天的情绪管理有没有比昨天更好一点？去留意当下看的这本书，有哪几句话可以给自己带来思考和成长？去包容现实或网络上发生的林林总总，不对他人恶语相向，也不站在道德制高点上去评判是非。做一个有同理心的人，才是真的有魅力和修养。

最后，我突然想到了电影《狩猎》里的两句话：

“你看清楚是谁杀了你吗？”

“没有，他站在道德的制高点上，在圣光下，我看不清。”

在

跑赢职场

这件事上

毫不含糊

第2部分

Second Part 自我提升

别把自己当小孩，拼命吸收前辈经验

不可否认，有一些女性可以在走出学校这座象牙塔后，直接进入婚姻殿堂，过起相夫教子的生活。但对于大多数女性而言，还是要在职场世界里生存，工作是她们人生的一个重要组成部分。对于一些事业心强的女性，或许每天60%，甚至 80% 的时间都要投入工作，她们在工作中获得成就感，感受到自我的价值，在事业中获得归属感，迎风绽放。接下来，我第一次将自己过往多年的职场经验做下复盘，分享给你。无论你初入职场，还是在考虑职场跃迁的路径，还是离职场很远，是全职妈妈，我都建议你好好阅读，不要跳过。因为我们所有领域的生存之道都有共通之处。职场的人际相处之道同样可以给你的生活关系带来启发。

初入社会

海绵心态

我属于事业心比较重的女性，把自己大部分的时间都投入了职场。我给别人打过工，也带过团队，当过老板。我很清楚如何做好一个打工人，如何让自己在最短的时间内实现飞速成长，以及一个领导更欣赏员工的哪些品质，更鼓励哪种工作方式，如何选用团队所需要的人才，如何培养人才，等等。所以，我可以从更全面的视角来分享职场生存之道。

根据我多年的职场经验，我发现不管是职场新人，还是职场老将，都容易犯这四种错误：

不主动、不反馈、怕吃亏、情绪大。

总体上来说，只要你能刻意去避免犯这四种错误，你的职场发展道路就不会走太多弯路。

接下来，我们详细阐述每一种职场错误的表现及规避、纠正办法。我们常发现很多人在工作中十分卖力，任劳任怨，能力也不差，但就是不被重视。那么结合我身边所遇到的真实案例，我们来分析下这些人的致命问题是什么，以及快速升职的成功职场人都做对了哪些。我们在本节先来分析下第一种职场错误：不主动。

我面对过很多新人，但对其中一个新人印象很深，因为她的表现代表了大多数职场新人的通病。有一次我面试了一个小姑娘，彼此印象不错，面试流程也很顺利，要结束时她问过一个问题，她问："您好，我想了解下等我入职后，有没有人带我啊？"

这是非常普遍的一个问题，很多人在面试时应该都询问过，他们觉得这很正常，并且说明了自己对成长和学习的渴求。但事实却恰恰相反，对于面试官来说，这个问题反映出的并不是你的主动性，而是被动性。你考虑是否有人带自己，公司是否会主动去培养自己，而不是这份工作能够给自己怎样的平台，接触到哪些有价值的资源，能主动向哪些更厉害的人求教。这么问可以，但其实还是需要自己更加主动地去挖掘自己的老师。

职场是一个广阔的学习环境，只要你能够主动去求教、学习，你会成长得很快。而如果你一直等着别人来喂养你，那很可能会感到失望。在职场中，你要养成一种海绵体质，主动、疯狂去汲取别人身上的营养和能量。你要渴望成长，抓住一切能够锻造自己、让自己技能提升的机会去求教、去学习。当你像海绵一样去渴求养分，你会发现职场这块土壤太肥沃了，人人都是老师，处处都是学问；而如果你像嗷嗷待哺的小鸟等着别人来投喂，你可能会被遗忘在角落。

举几个我自己的例子。

很多年前我做过一段时间的公关工作。做过这个工作的人都很清楚，这个岗位要求有很高的稿件写作能力。我虽然没有专业的写稿经验，但是写东西很快，简单看看资料我就能写一篇。有一次，领导交给我一个任务，写一篇行业稿件，我按照惯例简单研究了几篇文章就写出来了。当我把稿子拿给领导时，他看都没看就撕掉了，说："不合格，回去重写。"我感到非常生气，又委屈又崩溃，觉得自己不受尊重。他说："我不用细看，撕你一次稿子，你下次肯定比这次写得更好。"

为了写出更好的稿子，我开始观察领导是怎么写稿的。他毕业于中国人民大学新闻系，是写稿高手，写出的稿子有条理、有深度。经过一段时间的默默研究，我发现了领导写稿的秘诀。他有一个非常明显的写稿特点，就是准备写一篇稿子前，他都会花大量的时间去做前期资料的研究，当素材积累够后真正落笔写作的时间很短，而输出的稿子有干货、高质量。而我自己正好相反，每次接到写稿任务只追求成稿速度，几乎不做前期调研，当然写出来的东西深度欠缺。此后我便开始学习领导的写稿思维，多调研、多学习、多吸收、勤思考，再输出，写出的稿件质量确实大大提升。

而这种做事思维也被我举一反三，用在了日后的工作中。让大脑有沉淀好过没有思考的执行，对于任何的事情，都要先调研再执行，浮躁的心性也慢慢调整过来。现在我不管做任何事情，都先去观察、理性思考，再基于形成的判断，决定后续的执行。这种思维方式帮我规避了很多合作、项目的坑，避免了很多损失。

这个是关于学习上的主动性。其实在职场中，还要学会主动去经营与他人的关系。

我本人并不算资源型人才，虽然善于表达，但并不太善于经营关系，也不擅长社交和应酬。我有个朋友是天生的资源型人才，她把一大半的时间都花在了跟各种资源方、厉害的人聚会、吃饭上。起初我挺反感这种行为的，我说：“你把时间都用在吃喝玩乐交朋友上，也不谈具体项目和工作，这不是浪费时间吗？”

朋友说：“你这种想法是错的。我并不是在做无效社交，反而是高效社交。其实我们每个人的力量和能力都是有限的，当事情做到一定程度，就需要资源的力量，需要身边的人和资源的协作，才能做成事，成大事。如果你只向内求，凭靠自己一个人去做事，那么只能守住自己的一亩三分地，事情做不大。自己最多是独行侠，你的公司也最多是个小作坊。在职场上，只有把资源经营好、利用好，你才不是一个人在战斗。当拥有外部协作的团队，那么你的发展才有助力。同时在结交资源时，也没必要太功利，因为我们不知道哪片云会下雨，也不确定未来会需要谁的帮助。”

朋友的这番话对我启发很大，我一直在主动做事，但是没有考虑主动做人、主动社交。我们做任何事，从本质上来说都是在做人。这让我想到了心理学家阿尔弗雷德•阿德勒（Alfred Adle）的观点，人活在世界上，要学会与人合作，发展社会兴趣。在合作中，找到自己的行为，发挥自己的价值，人生才能走向卓越。我们想要处理好亲子关系，需要孩子的合作；我们想要处理好亲密关系，需要伴侣的合作；我们想要处理好团队关系，需要员工的合作；我们想要做更大的事业，建立更大的成就，需要公司内部人员、合作方以及相关资源方的合作。做越大的事，需要越多的资源。

因此，我也学着有意识地去主动维系人际关系。以前她给我介绍朋友认识，我都比较抵触和抗拒，也不主动去经营。后来她给我介绍朋友，我便开始珍惜，并去维护。在我创业最艰难的时候，是她介绍的一个朋友拉了我一把，帮助我渡过了难关，也成为我现在公司的投资人。

所以，在职场上，我们要学会内延外展。所谓内延，就是修炼自己的技能，让自己更有核心竞争力，比如多读书，多学习；所谓外展，就是主动去结交职场朋友，为自己积累人脉和资源。当然，跟厉害的人交朋友，相当于为自己找到了很多技艺高超的老师，在单纯的相处中就可以学到很多。你只管好好交友，待日后，他们一定会与你擦出意想不到的火花。

无论是内延还是外展，关键在于主动。你要学会主动出击，不要等着别人来帮助自己，认识自己。进入职场后，你我都是独立奔跑的战士，所有的成长、地位、掌声与鲜花，都需要靠自己主动去争取和打拼。跑赢职场的秘诀就是主动，主动，再主动，每个人都在自己的职场赛道上往前奔跑，自顾不暇，若不是你招手求救，谁有闲工夫管你呢?

可能你会说："我的工作很普通，没有什么发展前途，身边更没机会接触到牛人，想学习都找不到学习对象。"其实，还是那句老话，三人行必有我师焉，不是只有厉害的人身上才有值得我们学习的优点。只要我们有心、留心，我们会从任何人身上汲取到成长的营养。

高效反馈

第二个常见的职场错误是不反馈，这也是主动性差的一种表现。之所以把这个问题拿出来长篇讨论，是因为不反馈这个毛病实在太严重了，甚至会断送很多人的职场生涯。

什么是反馈？反馈，就是你能够及时地、持续地把你正在做的事情的进度、遇到的问题、解决的过程等，同步给你的上级、领导、合作伙伴，以及在这个事情上曾经给过你帮助的人。

我们可以观察下自己身边那些更容易被提拔、更容易得到好的工作或表现机会的人，一定具有这个特质——及时向领导汇报。

不爱反馈的人基本上都有两种心态：

心态一：我没有做好这件事，不敢向领导汇报，因此领导不问我就躲，能逃避就逃避。

职场上最忌讳不沟通。领导需要统筹公司所有人的工作，把项目的每部分分给公司具体个人。因此，领导当然关心你完成任务的质量，但更关心你每个时间节点的工作进度以及遇到的问题。只有你主动向上汇报工作，领导才能够调配各种资源来协助你更好地完成，如果你能独立完成并主动汇报结果，领导也好有所侧重，把精力放在协助其他部门或个人的工作上。所以，能够及时、主动、详细地向领导汇报工作进度，既可以让领导对项目进展了然于心，又能够对你产生信任。因为对领导来说，掌握项目具体进展，了解一线工作动态，太重要了。

如果你确实没做好领导交代的任务，那更要积极汇报，因为凭借你的能力完不成的任务，不代表领导没有能力完成。作为领导，他的主要工作就是解决危机，辅助下属，带好团队。你能及时反馈自己工作的失误，面临的困难，反而让领导感受到你的坦诚，也有机会在一线工作中见缝插针地发挥作用。相比于闷头做大事的员工，领导更喜欢可以坦诚及时反馈的员工。一旦遇到更重要的项目，领导更愿意交给自己信任，同时又能让自己动态把控的员工。所以，容易获得晋升和提拔的人，往往不是能力最强的，而是因为懂得反馈最被领导信任的人。

心态二：我做的工作都是领导安排的，我天天在领导眼皮底下，他对项目的进展一清二楚，我不需要主动去汇报，不然反而显得我刻意邀功。

这种心态更不可取。正如我们前文所说，职场中所有属于你的一切，都是靠你积极主动争取来的。很多人抱着“路遥知马力，日久见人心”的期待跟老板玩心理战，觉得“反正我做得好，能力高，老板迟早知道。这不用多说。”不好意思，你不主动汇报，老板真不知道。因为老板需要把控、操心的事情太多了，他没有那么多时间去猜每个员工的心思，也没有那么多精力去细致觉察每个人的功与过。

如果在团队作战中，你不主动汇报，等于你浪费掉了属于自己的成果。你期待好的机会砸到自己，那你首先得让领导看到你，让他知道你做过什么，优势是什么，能做什么，更擅长什么。那么当领导有好的机会要择人而用时，你才有可能出现在他的备选名单里。否则，你可能连参加选拔的机会都没有。

所以，主动反馈、主动汇报，是完全没有门槛的一个职场生存之道，跟能力无关，跟态度有关。不过要注意的是，想要给出让领导满意的反馈，还需要学习主动反馈的方法。

向上反馈并不是把自己的工作细节，不经过思考和筛选、汇总，直接一股脑全部输出给领导。这种缺乏技巧、没有重点的反馈方式，可能还不如不反馈。

只有有效的反馈才给自己的工作加分。

最近，公司要拍个短剧，负责人里有两个重要的角色，一个是制片，一个是统筹。两个都是女孩，有 4 年左右工作经验。在跟她们的工作沟通中，我感受到了两个女孩工作方式的差异。

两个女孩都有很好的工作习惯，都有意识地及时跟我反馈短剧的拍摄进度以及所遇到的问题。

制片女孩在拍摄结束的第一天，当面跟我说：“丁姐，我要跟你反馈一下咱们整个剧组目前的问题，以及我的一些个人想法。”

我说：“好啊。”

接着，她开始滔滔不绝，把剧组所有她发现的问题无一遗漏地向我反馈，一共列了七大问题，但都只是指出问题，并没有给出解决方案。

统筹女孩其实也发现了问题，但是她不像前者一样跟我细数剧组“七宗罪”，而是在每天拍摄工作结束后给我发一条微信，大致内容包括：一天拍摄的工作进展；她认为是问题并且我可能关心的部分有哪些，她是如何处理的；她认为不是问题但我可能想要知晓的问题有哪些，并陈述自己觉得无须解决的理由，比如不影响拍摄进度和质量的问题。结束处，她都会说一句：明天正常拍摄，请您放心。

此后的每天，在拍摄工作结束后，她都会给我发这样一条信息，并最后附上“今天顺利收工，一切正常，明天正常拍摄，请放心。”

这样贴心又高效的反馈，像一颗定心丸，让我知晓了整个项目的进展。因为有她的统筹，我十分放心整个拍摄过程。

当我收到这样的工作反馈时，非常放心又安心，因为她换位思考，提前思考我想知道什么，并梳理给我；提前解决掉隐患及问题，并告知我结果；对于我无须知道的烦琐细节，她只字不提。当然，也因为这样专业的反馈方式，使得我对她印象俱佳。

所以，正确的反馈不是陈述信息，是描述进度、阐述问题、给出解决方案。领导需要通过反馈知道的不是问题本身，而是解决方案。问题呈现式的反馈只会增加领导的烦恼和负担，把问题甩给了领导；方案解决型的反馈会给领导一种踏实感，不仅帮助领导解决了问题，还因此展现了自己的工作能力，让领导有信心授权给你。即便是你对于反馈的问题并没有好的解决方案，那也可以呈现自己的想法，将问题是什么、自己的看法以及所做的尝试汇报出来，让领导接收到的是你经过思考加工过的信息，并就你的求助提供支援。

拿这次的拍摄来说，问题确实很多，制片女孩提的“七宗罪”也都是客观存在的，但是大部分问题并不需要我亲自解决。领导需要的是团队伙伴可以发挥自己的能力帮助分忧解难。如果一个人只是把反馈定位成工作记录，把自己定位成一个传递员，将很难获得好的工作表现机会。如果你是老板，你更愿意把机会给怎样的员工呢?

所以，反馈看似简单，实则简短的反馈内容反映出了你的工作思维及问题解决习惯，更像是一个你亲自、不断、重复递给领导的个人工作简历。

阐述进度 + 描述问题 + 提供方案 + 暖心总结，才是有效反馈的正确打开方式。

在我个人的工作中，我还有一个习惯，就是不仅向上反馈，还会向合作伙伴、求教过的贵人进行工作反馈。我当年之所以转战短视频，是因为在一次供应商见面会上遇到一个小伙子，他问我：“你刷不刷短视频？”我说：“没刷过。”他说最近有两个短视频软件特别火，老人、小孩都爱看，未来一定是一个创业的风口和趋势，建议我试试。就因为这个小伙子的一句话，我打开了一个新的事业窗口，我开始玩短视频，并有了现在的成绩。

现在，我每年都会跟他发信息，阐述下我的公司发展规划及近况。这是一种对对方指点的感恩，也是尊重，更是为未来的合作增加可能性。

给领导做有效反馈，向自己的重要职场合作者做阶段性汇报，都是特别好的工作习惯。

不怕吃亏

处处精明的人，是没有前途的。我不提倡做职场的老好人，成为公司同事的便利贴；但我也不建议大家去做过于计较得失的人。在我看来，越怕吃亏的人，最后失去的越多。

很多人做事之前都要把付出和回报计算得明明白白，不多加一分钟班，不多出一份力；有的人在工作中只做自己分内的事，超出范围一点的事情就推掉。哪怕领导临时加个活，他可能因不是自己分内的工作而推掉；还有的人因为害怕吃亏，不愿意带下属，不愿意分享资源，总觉得自己好不容易积攒的资源分享给别人，太吃亏了。我曾经也犯过这样的错误。

在公关圈，我算是一个特例，我不喝酒，不社交，不迎合，但是我可以把公关的工作处理得很好，连续被公司评为优秀员工，这与我能吃亏，不怕吃亏是有密切联系的。以前做公关时，公司需要在每个节日里给一些合作方送礼品，我总觉得送的东西的价值不够，我就自己贴钱买更好一些的礼品。当时我的工资也不高，一个月也就几千块钱，但是我还是把我的一部分收入拿出来给客户买更好的小礼品，并且抓住机会跟客户和媒体做好必要的沟通。

有一次我去广州出差，公司没有安排我见媒体。但当时的媒体非常重要，也是公关部最难搞定的关系。出差期间我挤出一点时间，自己买了一些小礼品，主动邀约各位媒体。夏日炎炎的广州打车非常难，有一个重要的媒体老师答应跟我见面聊几句，但我一直打不到车，情急之下我狠了狠心直接顶着炎炎烈日，穿着高跟鞋走了几公里准时出现。说实话，当时看着我自己的脚磨出血，我觉得自己挺可怜的。

这样的事情在我的职业生涯中并不只是发生一次两次，而是经常发生，我的上下班时间从来都不跟着公司规定来，是根据我对自己的要求来的。我在公关部，可以搞定别人搞不定的媒体关系，只有我能第一时间跟媒体顺畅沟通，也多次顺利处理公司的公关危机，这个是我自己愿意长期吃亏积累来的成绩。

但是，这里有一个划重点的地方，吃亏就是吃亏，是需要长期保持真诚的心态，不要目的性太强，感觉自己失去了，就要什么时候拿回点东西来。这样的心态是很容易适得其反的。

其实在职场上，很多的本领都是靠吃亏得来的。职场是一个很残酷的成人世界，每个人的名利与成就都是用扎扎实实的努力换来的。站在高处，能够呼风唤雨的强者一定都有着过人的本领。想要跟强者学习，你必须有可以与之交换的价值。

所有的关系，其本质都是价值交换。如果你初出茅庐，没有价值，那么吃苦耐劳、钻研就是你的学费。在你的才能还不足以明码标价的时候，要敢于吃点亏去换得学习的机会、平台和资源，用这些来锻造自己，提升能力的标价。如果你做什么事情都觉得吃亏，那么你或许会错失很多的成长契机。在靠能力说话的职场世界里，能通过吃点亏换来能力提升的机会，更像是捡了便宜。事实上，当你让自己成长成一个能力可以明码标价的强者时，别人会给你机会去占他的便宜，因为靠近你、向你学习，本身就成了一种财富。

不怕吃亏，已经成为我的一个工作原则。拿现在我直播带货来说，很多人都觉得我特别吃亏，因为我带货风格过于正经，我从不费尽心思去调动粉丝的积极性，如何实现更多的成交。

有些粉丝会觉得我白白浪费了那么高的人气和流量，但我不这么认为。因为我把自媒体作为我的长久事业来做，它不是我快速敛钱的工具。我和我的粉丝，严格意义上更像是朋友关系，因为相同的价值观联结到了一起。所以我想真诚地呈现自己，长久经营好这段对我很重要的关系。

我的粉丝单个平台就有 1000 多万，但直播时在线人数基本上维持在一两千人，虽然在线人数比例不高，但我直播间的下单转化率在整个行业里都算顶尖的。这是因为粉丝朋友足够信任我。如果我蓄意去制造套路增加成交率，相当于我要打破这份信任。短期看，我可能赚钱更多，利益更高；但长远看，这样的路径不长久，吃亏的最终还是自己。所以我要走得稳稳当当，坚守自己的价值观和良知，眼下看似吃亏，实则能够让自己的事业与道路走得更长久、更稳妥。

真诚，是世界上很神奇的一种力量，这种力量强大无比。不管是在工作还是生活中，只要你运用好了，就没有解决不了的事。能够真诚做人的前提，就是别怕吃亏做事。怕吃亏，你就输了。

把关注点放在结果上

很多职场人特别容易出现感性的痛苦，把关注点放在了关系和情绪上，而忽略了事情和结果。职场不是交朋友的地方，是利益之地。你与公司的关系要签署劳动合同，你与客户的关系要签署合作协议。

职场关系

所有的职场关系的建立，都是为了事。事能成，关系顺；事不成，关系损。所以在职场生存，要时刻把结果至上作为第一原则。

1. 不要过度在意他人的情绪

很多人在工作中十分在意上司的情绪和情感。他们在意领导喜不喜欢自己，纠结领导更喜欢谁，当领导有情绪了，他们也茶不思饭不想，想办法讨领导开心。在他们看来，只要领导开心了，自己将前途光明。

著名经纪人杨天真说：“要清楚，你和领导是雇佣关系，不是恋爱关系。因为你有能力，他需要你的能力，所以你们才有了这段关系。所以在工作场合中不要本末倒置，领导在意的事情有很多，但是对你而言，他只在意你完成事情的结果。如果你能帮助领导披荆斩棘，那么你就是他的心头好，他会认可你、器重你；如果领导可以给你提供成长平台，满足你的发展期待，他就是好领导，反之，你也可以炒掉他。”

当你能够把工作上的关注点都放在如何提升自己，让自己更强大、更有价值上，领导对你也就喜笑颜开了。送你一句话：你若有价值，领导便是晴天。

2. 不要过度泛滥自己的情绪

过度泛滥情绪最大的表现就是工作中的情绪内耗。我跟大家分享一个身边的案例。我最近高薪招来了一个美妆编导，这男孩的能力比较强，原来一直做时尚、美妆相关的工作，审美非常好，总能给同事推荐合适的产品，就是俗话说的“种草体质”，但是他的弱势就是不会写剧情脚本。于是我后来又招聘来一个专门写剧情的编导跟他配合。自从他知道我要招聘新编导入职跟他负责做同一个账号，这个男孩的情绪内耗就非常严重，找我们公司的人事聊，是不是公司觉得他的工作做得不好，找一个人来替代他，而且整个人的情绪都写在脸上，到后来直接找我聊，只有我给他吃了定心丸，他情绪才好一点。但是这类小病他偶尔还会犯，不断需要“吃药”。

工作中的情绪内耗是最没有意义的，职场讲究强者逻辑：如果你担心的事情是真的，内耗没有用，如果你担心的事情并不存在，那内耗更没必要。与其如此，不如想想怎么把有限的精力用在做好自己的事情，打磨自己的技能上。你能改变的永远只有自己，也永远不要奢望别人去理解你，静心打磨技术，朝着目标前进，你就是职场王者。

3. 不提倡办公室恋情

办公室如果有恋情存在，情绪就会控制不住地发生。我个人是不提倡办公室恋情的，因为这的确会影响到工作和晋升。我曾经遇到一个男同事，毕业后就来到我们公司，个人能力非常优秀，也很受领导器重，发展前景也很好，两年晋升为部门主管。但是后来跟同部门新来的女生谈恋爱，同事也总能感觉到两人的情绪不太对，引发了很多八卦。后来公司把女生调到了另外一个部门工作，这样他们不在一个部门，日常交集不多也就没事了，最后两人还结婚了。男生在公司的发展的确非常快，后来晋升为部门总监，总经理助理，一时之间风头无两，意气风发。可就是在这个时候，他女朋友跟自己部门的领导大吵了一架，而且这件事情的影响还很大，被公司高层知道了。大家会觉得要不是男生撑腰，这个女生也不敢这么跋扈。此事后来对这个男生晋升产生了很大的影响。

在我们这个行业，尤其是做直播的行业，很多公司是提倡办公室恋情的，因为大家都是下午上班，凌晨下班，跟普通上班族的上班时间不一致。如果在办公室能找到自己的恋人也不失为一桩好事，但我也要郑重地提醒大家，两人在一起工作，在工作时间内你必须拿捏好你的情绪，如果你把私人的感情带到工作中，既显得你非常不专业，也证明你没有情绪控制能力，那将必然让自己的职场晋升之路难上加难。

记住，公司这个地方除了工作就是八卦，完全不存在的事情都能被捕风捉影。所以如果你想开始一段办公室恋情，你就得想清楚这个事情的利弊。不要只想着两人可以天天见面，多么浪漫。要知道，完全没有距离的感情，可能消散得也快。

那么，正确的职场心态应该是怎样的呢?

最近，搜狐首席执行官张朝阳的一段采访火了，在被问及“有什么建议给到年轻人”时，他直言不讳:“年轻人不要过度努力工作，那会伤害自己的身体。世界是不公平的，有些事不是努力就可以做到，年轻人要客观地认清自己，找到合适的路后再努力”。这是我听过的比较实在的话了。

职场心态

我给年轻人的职场心态建议是这样的。

1. 与其没有方法地拼命努力，不如提升自己的思考力

《上行》一书里有句话:“世界只会心甘情愿为稀缺性付钱。”

而这个世界上，稀缺的从来不是努力，而是思考力。在职场上明白如何正确地做事，远胜做 10 件正确的事。如果你努力的方向本身就是错的，请停下来及时止损，调整到正确的方向上。

那么，如何提升思考力呢？

首先，学会独处，创造适合思考的环境。

安静的环境，宁静的内心都是思考力所需要的环境，天天想着逛淘宝买衣服，八卦别人，是谈不上思考力的提升的（以八卦为职业的除外）。或者说这一类人也缺乏思考的内在需求，当你需要思考的时候，你自然而然地就想要自己独处，不希望别人来打扰。独处非常重要，如果你能体验独处带来的美妙乐趣，那你已经具备了思考的内在条件。毫不夸张地说，我认为成功 = 思考力 + 执行力 + 一点好运气，你的思考力能有多强，你的事业就能做多广。反之也是这个道理，所以有句话说的特别好：你赚不到你认知以外的钱。

其次，多看书、多写作，为思考提供帮助。

闲暇的时间可以多涉猎一些书籍，如果能养成读书的习惯是非常棒的，这也是一个学习的过程。有的人不知道什么是思考，怎样算思考，这是因为你的大脑输入的信息量是不够的，思考没有着力点，也就无从训练自己的“思考力”。“思考力”是训练出来的，大脑长期经过“输入和输出”的训练，就慢慢可以学到洞察本质的能力。在输入的基础上，慢慢学会输出，比较好的方式是通过写作来整理输出自己的思考结果。写文章不像是聊天那么简单，你懂的知识，你学习到的概念需要写成一篇文章并让人看懂，我们就得思考很多问题。比方说，文章一开始要怎么起头，怎么论述，怎么解释，怎么让论点周详，怎么补足论点的破绽，怎么从读者的角度看哪里还有不足。

2. 专心致志完成绩效，不要被自己的努力感动

很多人工作，喜欢证明自己有多努力，自己感动自己，陷入了所谓的“自嗨”模式而不自知，这一点很不好。我们做工作是为了集中精力解决问题，不是为了把工作做给谁看，包括老板。想起我上初中时候的一个小故事，那时我跟我们班的学霸关系最好，这个女学霸喜欢边走路边看书，大家都夸她努力，学习好。于是我也学她边走路边看书，但其实根本就看不进去，我不是沉浸在知识的海洋里，我享受的是别人赞许的目光，期待别人对我另眼相看。现在想想那真是愚蠢的行为。

很多年以后，我在职场上看到很多类似我当初这个行为的同事，他们看似努力地工作，非常想要让大家看到他努力的过程，觉得自己很辛苦，简直如同一个飞转小陀螺。但，谁在意呢？在职场上你要集中一切力量去取得成果，你的高度、你的薪资都是由你的成果决定的，而不仅仅是你努力的过程。

你要既能
勇敢激进，
又能活在当下

当我们混迹职场多年，积累了一定的经验和积累后，就需要面临事业进阶的挑战。职场发展，如逆水行舟，不进则退，当事业发展到一个阶段，必然面临事业的转型和晋升。所以不论你处在事业转型期，还是职位升迁的关键期，又或是创业的选择关头，接下来关于职场进阶的内容，都是我自己积累出来的经验，一定可以带给你或多或少的启发和思考。

6 事业进阶

搞事业，要趁早

对女性而言，事业发展的关键期是什么时候？这是我经常被问及的一个问题。在我看来，女性的事业发展上，没有关键期。因为任何时候都是女性事业的关键期。如果一定要给出个具体时间段，那就可以借用张爱玲的名言“出名要趁早”。女性做事业，要趁早。

对于女性来说，大学毕业到生孩子前这段时间，绝对是事业发展的黄金时期。不管是精力，还是学习能力，这个时期都是女性最强的时期。而且，因为没有生育儿女，可以把所有的时间都用在自己身上。

曾经有个职场前辈跟我说，处在这个关键期的女性要么疯狂谈恋爱，要么疯狂加班，我认为有那么一点儿道理。

疯狂谈恋爱，可以让你尽情体验青春的美好，也能让你慢慢发掘真正适合自己的感情和爱人。事实上，任何人的情绪成熟都需要过程，有机会让自己跟不同的人相处，去轰轰烈烈地感受恋爱带来的喜怒哀乐，有利于情绪和心智的成熟。通过提升爱的能力，一个人也能更清楚自己应该找一个什么样的人来共度余生。对于女人来说，将感情交付给对的、适合自己的人，找对伴侣，这本身就是人生的一大成功。

如果你没有爱情的瘾，那可以去疯狂加班，将自己大好的时光和精力释放在打拼事业上。做喜欢的工作，在工作中让自己充实，让自己成熟，这可以给人带来价值感和成就感。事实上，工作本身就是一种学习，长久而精进的工作能够给一个女性增添知性的魅力。能够找到自己热爱一生的事业并倾注满腔热血，对女性来说是一种很飒、很酷的成功。

在本节最后，我还想强调一点，我虽然主张事业关键期要疯狂加班，但并不主张一个人的生活里只有工作，或者生活所有的精力都被工作占满。我想要表达的是你要把工作作为提升自己、锻造自己的一种工具。仅此而已。这并不意味着你要对老板卑躬屈膝，百般讨好。相反，你要通过工作建立自信，并把自己看作是被老板聘请来解决问题的、创造价值的。在解决问题过程中，你不仅获得了报酬，还得到了能力的提升。所以如果你能够用最短的时间来实现这个目标，那就应该工作是工作，生活是生活，不做无效加班，不拼工作时长。牺牲家庭和生活，去做无效的加班，是双输的行为。

对时间吝啬些，不然一切来不及

想要在有限的事业关键期里创造理想的事业高度，纯靠蛮劲干是不可取的。比如你工作很努力，但是三天两头换工作、换行业，忙忙碌碌几年却没有专长的工作领域；又或者你坚守在自己的工作岗位上任劳任怨，疯狂加班，但是不做任何的职业规划，也不为自己争取发展空间，这同样是浪费时间。想要在事业关键期实现事业的进阶与升迁，可以做好如下规划。

首先，给自己找一个精神向导。什么意思呢，给自己找一个职场偶像，去设想下如果事业成功，自己会成为怎样的女性。这样一个偶像是女孩子成长道路上的标杆和榜样。我在 30 岁时跟自己的老板参加过一个职场类节目，叫《 非你莫属 》，当时导师席上坐着一位 40 岁左右的女性 CEO，知性美丽，又充满智慧，浑身散发着独立女性的美。坐在台下的我就想象，自己 40 岁的时候也能成为她这样的女性，有像她一样的精神状态，有她这般卓越的成就。所幸，现在的我，也基本上触碰到了这个曾经的遥远目标。

所以，在你的职业成长道路上，找寻这样一个成功形象，给自己指引，激发自己强烈的成事愿望，让自己在事业攀爬的道路上有一个坚定的、奔跑的方向。当自己感到迷茫、沮丧时，这个形象也能给自己带来无形的鼓励，启迪自己继续前进。

其次，做好时间管理。从毕业走出校园到结婚生育之前的这段打拼事业的关键期，只要你努力，你的事业一定是节节高升的。因此在宝贵的职业上升期里，最重要的一件事就是时间管理。关键期很短，越是能够管理好时间和精力，越能跨越一道道坎，迈向更高的事业巅峰。

想要做好时间管理，既要有正确的时间态度，又要有正确的管理方法。

关于正确的时间态度，你要有这样的认知：人生是你的，事业是你的，你是给自己打工。很多年轻人喜欢上班时磨洋工，因为他们觉得老板给的工资是固定的，能偷懒就偷懒，能少做就少做，反正工资是定数。在我看来，这是很奢侈的浪费，是对自己人生的最大辜负。不管是作为职场前辈，还是作为人生前辈，我都特别建议年轻人要珍惜来之不易的工作和分秒流失的时间。无论是以前打工，还是现在当老板，我都会把每分钟的工作时间发挥出最大价值。要知道，我们的每一分钟都不是在给别人打工，是在给自己。或许你用时间换取的工资有天花板，但是用时间换取的能力是没有天花板的。

如果时间可以倒流，刚毕业步入职场前 10 年的我一定会更努力。我希望当时的老板对我更苛刻，来管教没有自我约束能力的年轻的自己，逼着我去跑得比别人更快。对年轻人来说，提升能力要比赚钱重要得多。在看似普通的工作岗位上拿着普普通通的工资，悄悄修炼自己的技能，你一定会在不久的未来惊艳时光。

即便现在的我已经算是一个有点成绩的创业者，但我依旧觉得时间最宝贵。我对时间很吝啬，对钱很慷慨，因为在我看来钱是为我服务的，所以不管是自己的生活花销，还是给家人花钱，给团队消费，我都比较慷慨。但在时间上，我很苛刻，也很吝啬。时间是我最稀缺、最在乎的东西，你可以花我的钱，但绝对不能随意浪费我的时间。

所以你要对时间吝啬一点，不要觉得老板买了你的八小时工作时间，你就可以奢靡浪费。事实上，从自我发展来说，你要在老板允许的工作时间里尽可能去学、去提高、去进化。

正确的时间管理做法，并不是一天尽可能做更多的事，让自己每分钟都匆匆忙忙。把每分每秒都排满，并不是好的时间管理方式。真正正确的时间管理做法，是你能明确一天中最重要的事情是什么，并调动精力和资源去高效完成它。

我一直在用的时间管理方法，叫“每天三件事”。我每天早晨一起床就把今天最重要的三件事写在一个笔记本上。这就是我今天要做的最重要的事情，所以我要把今天 70% 的可用时间和精力都用在完成这三件事上，把剩余的 30% 时间用于处理其他一些着急但不重要的琐碎的、突发的事情。

比如，今天我要做的重要三件事。

第一件：今天是我孩子的生日，我要给她准备生日派对；

第二件：接受一个重要采访；

第三件：如期做一场直播。

当明确这三件事后，我今天的核心时间就已经规划好了。其他事情，我基本上都会推掉，以保证这三件事能够如期完成。如果你不做“每天三件事”的规划，你会发现一天中有太多太多的事情要处理，而且每件事情都不能高效完成。我每天的工作非常多，需要回复很多微信，需要谈商务合作，还要跟同事讨论项目问题，有时候还要赴约跟朋友吃饭、聚会，等等。如果我不做好时间管理，那么我每天的生活将是又忙又琐碎，而且又不高效。所以，把每天最多的时间用来处理最重要的几件事，才能最大化实现时间的变现，创造价值。

有一个关于时间管理的比喻，是说你的时间就像一口大缸，大缸外面放着大石头、沙子、水。你想要把它们全部装到缸里，你必须首先放最大的大石头，然后再填沙子，最后再倒入水填缝。顺序一定不能反。大石头就像我们每天要做的最重要的事，沙子和水是次要的、琐碎的事。如果你先放沙子和水，那大石头就放不进去了，每天最重要的事也就完不成了。

通过这个时间管理方法，你会发现，很多你原本以为重要的事情其实没那么重要。或者说，每时每刻涌到你面前的事情仿佛都很重要，但是如果在你的人生中做重要性排序，一定是有轻有重的。

人生没有太多重要的事情，也并非所有降临在生命中的事情都很重要。提前做好每日时间规划，着眼于完成最重要的事情，你走过的每一天才会充实、有意义。

我最近在看一本时间管理的书，里面讲到一种方法就叫“每天三件事”。原来我每天的实践跟专家的理论是一致的，这让我十分惊喜。推荐你也使用这种方法。

事实上，一个人对时间的管理能够反映出他对目标和任务的管理。所以，如果一个人能够把时间管理好，那就意味着他能够把每天的目标和任务管理好。如果你有清晰的目标，又具有好的任务管理和时间管理能力，那你根本就不会陷入内卷焦虑。

内卷和勤奋的区别是什么？勤奋是你服务于自己的成长目标，主动发出的，为自己而做的努力；而内卷则是你陷入了从众的恐慌，被动发出的，怕自己落后而做的努力。内卷，恰恰反映的是一个人随波逐流，缺乏清晰的目标、定位和时间管理能力，仅仅为了跟上他人的脚步而做的表面功夫。

要记得，时间管理、任务管理、目标管理，永远为你自己服务。在进行时间管理时，起步会很难，但这就像玩游戏升级打怪一样，如果玩的过程中尝到了胜利的甜头，那么你就会养成习惯，越来越轻松、自如。

你是“秀才”，还是“土匪”

很多人在一个行业待几年后会产生倦怠感，没有心力继续往前，感到迷茫，不知道自己继续做下去的意义是什么。这时候，他们就会萌生职业转型的想法，要么想换个行业再找寻工作的激情，要么想干脆告别打工生涯，独自创业。那么，对于感受到了职场倦怠、想要创业的女性朋友来说，有一点很重要，就是考虑清楚：自己是否适合创业。

创业成功者能收获万众瞩目的快感，如果经营成功一家小而美的公司，在时间上会更加自由，这些都是创业成功者能享受到的福利。但是，创业者有他需要面对的问题。

在我看来，创业者最大的特点是：既是秀才，又是土匪。

所谓秀才，就是你学习能力要强，做事要有头脑、有逻辑，有能带好团队的智慧；所谓土匪，就是要求你要有“抢”的能力，能够贴地打滚，在泥巴里跟人抢饭吃，能在厮杀惨烈的商场里抢得一块属于自己的地盘生存下去。事实上，能同时兼备这两种素质的人，才是合适的创业者。如果你发现自己有其中之一，或者两者皆无，那我劝你还是保守一些，不要轻易创业。

很多人会觉得打工很憋屈，创业很自由，因为创业后自己是老板，有话语权和决定权，想做什么，不想做什么，完全可以自己说了算；不用看领导脸色，也不用委屈加班。如果你这么想，那还是别创业了。因为你看到的都是假象，创业有太多不为人知的辛苦。

首先，创业者不能有偶像包袱。

更直白点说，如果你想创业，就要收起你矫情的自尊心和羞耻心。一个成功的创业者一定是能把自己的姿态放得很低的人。我在创业初期时，为了招揽客户，跑去地铁里发传单，受尽了别人的白眼、蔑视和拒绝；当遇到客户欠款时，我得厚着脸皮去跟客户追款，还要应付各种意料之外的难题。尽管我很恐惧，但当时的我无人能依靠；后来我开始直播带货，很多人甚至包括一些朋友对此颇有微词，觉得我怎么越混越差，但我有团队要养，这是我靠自己的本事赚钱的方式。

对一个创业者而言，赚钱的姿态没有好坏、贵贱之分，当然体面地赚钱很舒服，很有尊严；但是如果钱掉入了粪坑里，只要凭本事能够到，你依旧要赚。身为创业者，你需要合法、正当地赚取每一分可能赚到的钱。

其次，创业者要能受得了委屈。

如果你准备创业，那就收起自己的玻璃心。创业当老板，看似高高在上，但其实要服务于所有合作伙伴。创业者并不比打工者快乐，反而还承受普通人无法承受的委屈。此前有个合作伙伴，合作期间闹得不愉快，对我也颇有微词，后来他自己创业了。一天，他突然给我发微信说："原来我以为老板是最快乐的，现在我发现老板是受委屈最多的。以前我觉得你处理事情的方式很一般，现在当我遇到事情时我会想：如果换作丁姐，她会怎么处理。我发现老板的妥协并不是软弱，而是他想要往前走所必须要有的拐杖。"

这就是创业者的真实心境。

想要成为一个合格的创业者，要能承受公司随便一个员工对你专业能力的质疑；要能包容每一次公开场合会遇到的顶撞或对抗；要能在公司的发展过程中放下自己的情绪顾全大局；要能留人、控人，还要会裁人，要理性且勇敢；要能在现金流出现问题时，帮销售人员豁出去要款，而不是责骂、推脱，使人心涣散；还要有能力打造自己的企业文化……

所以，如果你是因为受不了领导的脾气，或忍不了跟同事的矛盾，或不想被别人管束……仅仅因为自己无处安放的情绪和被几个项目撑大的好胜心而创业，那大概率会迎来失败，因为打败你的往往不是对手，而是自己。如果如此，可以阅读一些职场生存之道的书籍提升自己，而且待在组织里比创业更适合你。

活在当下，是个技术活

事实上，无论是你多么擅长做时间管理和目标管理，在组织里混得如鱼得水，还是你真正具备创业者的素质去开天辟地，变化和打击都会不期而遇。在职场的打工赛道和创业赛道上，你难免会遇到不可抗的挫折和障碍。那么，当职业发展之路遭遇瓶颈或事业饱受冲击时，你该怎么办？

我可以给你提供一种思路：既要勇敢激进，又要随时“躺平”。

我觉得自己有一种向死而生的能力，能在最糟糕的环境里谋生；而且，我还有一种“躺平”的能力，可以坦然地、不焦虑地接纳落差。这两种能力让我能快速适应不同的生活状态。

只要心里有光，就无惧生活的黑暗。向死而生的坚韧，让我能积极乐观地接纳生活的任何变化，哪怕跌落神坛，由奢入俭。在我创业最艰难的时期，我需要跟朋友借钱发工资，因为资金有限，我只能给自己发 1000 元的月工资，而在创业之前，我是准上市公司的高管，年薪几十万，消费上大手大脚。当我只能领 1000 元的月工资，每块钱都要掰着花，不敢打车，不敢买贵的生活物品；车位被我卖了，房子被我租出去了，为了增加生活收入，我还主动给房产中介介绍房源赚取提成。但我依然可以苦中作乐，保持很好的情绪。我把省钱作为自己的一大快乐，在如何买到更便宜的衣服和生活用品上乐此不疲。

所以你要学会勇敢激进，不管遇到怎样的问题，都能从积极的角度来构建其意义，并找到让自己乐观面对的力量和方式。当一件坏事发生时，你要学会不再抱怨老天的不公，去思考自己能从当下的经历中获得什么资源，提高什么本领。

在遭遇瓶颈或挫折时，除了乐观的心态，还要有坦然接纳的心态，这就需要“躺平”的能力。在我看来，“躺平”是一种朴素的生活心态，并不是指破罐子破摔，而是能够接得住任何的生活状态，不论上天让自己去过什么样子的日子，都能坦然地去过。

我们活着是为什么？我看过一本书，叫《英雄之旅》，里面有这样一句话：其实我们的人生就是一场深刻的体验。我刚创业时，前老板告诉我，创业不存在失败。因为对于创业者来说，无论事业成败，你都会在一个维度成功，那就是体验到别人体验不到的人生。这份收获足以充实你人生的意义。所以，如果你能明白创业的真谛，并确信自己对于人生体验有着强烈的渴求，那你可以放手一试。在这条道路上，你感受到的痛是一种体验，苦也是一种体验。如果在此道路上你除了收获体验，还收获傲人的成就，那当然好；如果你没有收获傲人的成就，但一路过来体验了完全与众不同的人生，那同样不枉此行。

“躺平”是一种人生态度，是接住生命给的所有馈赠的能力。我们生命中的每一天都很珍贵，如果我们能够用“躺平”的心态去活好每一天，在每一天的有限时间里发挥自己的创造性，去体验苦乐，去感受累与痛，去享受解决问题的快感，你会发现每一种生活体验都显得绚烂而魅力。但如果你只能享得生活的甜，受不了生活的苦，那生命的底色也会是黯淡无光的。

对于一些人，“躺平”的心态会在转念间形成，比如有外力推动时。我有一个关系非常好的女性朋友，突然被诊断得了癌症。她以前是一个特别爱抱怨的人，但在确诊和接受治疗后，整个人发生了 180 度大变化。她不再喜欢抱怨了，而是变得从容，能够以更平和、友善的态度去跟人相处，也更有生活的目标感，积极做自己想做的事，爱自己想爱的人。

现在，她不仅病情控制得很好，而且还获得了过去十年都没有获得的财富。很多人说她因祸得福，这场灾难给她带来了财富；但我想把它理解成是心态的转变吸引来的财富。

如果你想提升自己的“躺平”能力，推荐你一个方法：情绪转移法。

当你心情处于低谷时，你可以走出去。你可以让身体走出去，比如逛逛街，逛逛公园，吃顿大餐，等等；你可以让精神走出去，比如看本励志书，尤其是人物传记，去了解名人在人生低谷时遭遇了什么，又是如何走出困境的，又或者看几部电影，放松一下心情。通过身心的调适，你的情绪会得到很好的释放，也能够更坦然去面对所遇到的挫折。

你也可以逼着自己去发展一些兴趣爱好，让自己这个大孩子拥有可以安放情绪的“玩具”，比如你可以学学品咖啡、插花、跳舞、烹饪。让自己拥有一个“我想静静”的小天地，去玩弄自己的“玩具”，让身心得到治愈。

人生，除了生死，都是小事。在这里，我跟大家分享一本我近期看的书，于娟博士的《此生未完成》。我被里面的一段话深深震撼着。

> 哪怕就让我那般痛，痛得不能动，每日像个瘫痪病人，污衣垢面地趴在国泰路、政立路的十字路口，任千人唾骂、万人践踏，只要能看着我爸妈牵着土豆的手蹦蹦跳跳去幼儿园上学，我也是愿意的。

看她这本书，你会强烈地感受到什么叫“世间除了生死，都是小事”。你或许会说：道理都懂，可一看都会，一学就废。刚开始时，只要情绪涌上来了，你会不自觉步入以前的反应模式。既然现在了解了这个方法，那就学着刻意用此方法去解决自己的情绪，慢慢你会发现，方法不错，确实奏效。

用最简单的穿搭，烘托出你的气场

职场是一个弱肉强食、适者生存的地方，要想生存得好，你不仅要有真才实学，让自己被需要；还要具有十足气场，让自己被重视。为什么很多人的业务能力很强，却活成了职场小透明？往往是因为他们只注重能力的提升，不在意形象的管理。对于职场人来说，掌握正确的工作方法、建立良好的职场心态很重要，做好形象管理也很重要。事实上，无论你是职业女性，还是自由职业者，又或是全职妈妈，合适的、得体的穿搭都能给你带来超预期的回报。

形象
管理

你的穿搭里，藏着你的未来

得体的穿搭就像一张名片，是你职业层次的象征，也是外界评估你身份与层级的重要参考。如果不注重形象和穿搭，那你空有一身本领，也很难给人留下好的印象，受到重视。

最开始工作时，我很是不修边幅，总觉得能力强比什么都重要，对于外表，丝毫不讲究。但这给我带来了很大的挫败。记得很多年前的一天，一个并不是特别熟悉的女性朋友出差来北京，晚上找我一起吃饭。我当天正在家带孩子，就随便套了件衣服赶去赴约。到了现场，还没落座我就感到了尴尬。当天的饭局来了七八个女性，个个都精致，只有我穿着一个棉质的、没有熨烫的 T 恤，坐在一群精英女性中间显得格格不入，整个饭局上我自己都感觉士气大减、气场被碾压。我的着装仿佛在告诉外界：我跟大家不是一个群体的人，不是一个圈层的人。戏剧的是，自那次饭局后，这位朋友也很少跟我联系了。

这一次的经历对我冲击很大，也让我深刻意识到着装和穿搭的重要性。有句话说：你的气质里藏着你看过的书，爱过的人，走过的路。那么你的穿搭里藏着你的个性、你的见识、你的职场能力，以及你的身份。只有一类人可以无视穿搭，那就是不需要靠穿搭传达身份信息的成功人士，只要你还不是所谓的 old money[1] 一族，就得认清一点：一味地强调内在美而忽略外在，也是一种肤浅。

一个人的穿搭风格与意识，往往跟其小时候所受的形象教育有关。父母的生活理念、消费观及给孩子灌输的生活理念，都会在很大程度上塑造孩子成年后的形象意识。比如父母非常节俭，也教育孩子不要跟别人比吃穿，不要有虚荣心，那么孩子长大后很可能在穿搭上就很朴素；如果父母特别注重生活美，即便生活贫苦，也很注重仪表，并教育孩子无论生活条件怎样，都要让自己穿着得体，这是对自己的尊重，也是对他人的尊重，那么孩子成人后也会非常注重仪表。

我曾经也坚信一个人不能在着装上浪费太多的时间和精力，应该注重能力的提升。但现在的我认为能力和仪表都很重要，对职场女性来说两者缺一不可。在着装上，衣服不用选贵的，但是一定要选适合自己身份的，或者能够释放你想要外界看到的正确信息的。

在日常职场或商务场合，正确的穿搭能让人在最短时间内获取你的相关信息，了解你的能力和经济实力。它在一定程度上也决定了对方对你的态度，以及与你社交的方式。

---

[1] old money：与 new money 相反，指通过继承的方式获得财产的贵族。

前段时间，一个知名短视频平台邀请我参加一个主播颁奖典礼。那天现场真的可以说美女如云，每个人都光彩夺目。从硬件条件来说，我丝毫没有优势，身高不足 160 厘米，也没有魔鬼身材。在一堆漂亮的网红和主播中，我太不起眼。但那天活动结束后，主办方负责人专门走过来跟我握手，说："丁总，您这个气场太强大了，我可太喜欢了。"我之所以能让人感受到强大的气场，主要依靠穿搭。当天，我穿了一件裁剪精致的西装裙，裙长不短，还搭配了一条珍珠项链，一双高跟鞋。我通过得体的穿搭传递出正确的身份信息：我是一名创业女性，做事果敢利落。

所以，穿搭正确不仅能放大你的美丽，更重要的是能给你带来回报。好的仪表，给人留下符合气质的形象印象，让人对你建立正确的身份认知。而或许下一次的合作，就因你给对方留下的好印象而产生。

职场穿搭不出错公式

穿搭，不在于贵与奢，在于适合自己。你无须盯着名牌新款和奢侈品，也不要看同事穿什么，自己就买什么。适合他人的未必适合自己。正确的穿搭关键在于找到适合自己的穿衣风格。你的衣柜里可能包含很多风格的衣服，每件单品拎出来都很好看，但搭配到一起却不出彩。买衣服时，如果只看单品，不看款式、颜色，不考虑整体的搭配，那很难形成自己的风格。

我在穿搭上做过无数尝试，花了不少金钱和精力，摸索出一个百试不爽的职场穿搭公式。你可以拿来就用。

职场穿搭的不出错公式 = 硬面料衬衫 + 牛仔裤或裙装 + 西装外套 + 高跟鞋。

首先，尽量少买容易显得拖沓、无精神的衣服。买一些面料硬挺的衬衫，搭配裙装或不紧身的牛仔裤，也可以尝试铅笔裤或阔腿西裤。

其次，准备标配的西装和高跟鞋。西装相对来说比较常规，可以自主选择；选尖头高跟鞋，要比圆头高跟鞋更有气场。因为尖头能够传递强势、攻击性，会提升你的干练程度和气场。

再次，佩戴一些饰品，让穿搭更显精致。我尤为推荐珍珠材质的饰品。很多人觉得珍珠很老派，适合妈妈辈的人佩戴。但其实现在的珍珠首饰设计感很强，既显贵重，又有高级感，是非常多变又衬人的饰品。而且珍珠有着特别的魔力，能够彰显女性的温润和优雅，以及职业女性的专业和干练。

有了这套装备，你可以轻松驾驭相对正式的商务场合，比如项目汇报、会见客户或主持会议等。穿西装能够给人职业感，体现出你对商务场合的尊重，自然也能换来别人对你的重视和尊重。

结合你个人的气质，你可以在我提供的这个穿搭公式基础上做些优化，比如逐渐找到适合自己的配色、首饰等。但有一点十分重要，就是你买的衣服一定要少而精，改掉买很多件的习惯，变成攒钱买一件有质感的经典款，这一点非常重要。很多人有一柜子的衣服，但是等有场合要选衣服穿时，永远找不到合适且得体的，她们常因为便宜而购买，因为自己一时间觉得好看而购买，虽然买了很多衣服，但到穿的时候总挑不出适宜的衣服，满柜的衣服既不能体现你的品位，又不能撑住场面。

对于没有特别多穿衣打扮经验的女性，我的建议就是用买十件便宜衣服的钱，去买一件有质感的经典款。它可以衬托你的气场，增加你的自信心，而且你还会因为价格贵而倍加珍惜。而且，通过逐渐简化、统一自己的选衣类型，你可以寻找到适合自己气质和色系的穿搭风格。

如何规避穿搭的雷区

穿搭建议

以上公式，是对职业化穿搭的基础建议。此外，在日常的穿搭和自我风格的摸索中，我认为还有四点需要注意。

1. 不要一味模仿穿搭博主

很多女性不知道什么穿搭风格适合自己，于是就完全照搬网红博主或明星的穿搭。这是个很大的误区。因为镜头下的美是带滤镜的，跟生活中呈现的真实状态完全不同。同一个人穿同一套衣服，在镜头里可能非常好看，很显气场；但是在生活中，可能就显得过于明艳或赘余，不合时宜。而且，很多时候博主或明星的穿搭，都有专门的服装师进行精心搭配，根据不同的场合选择不同的服装和首饰，那么我们在生活中想当然去效仿，往往效果欠佳。

2. 尽量慎选紧身、暴露的款式

职场穿搭最忌讳紧身、暴露。当然，这并不是说我们不能穿任何紧身的裤子或紧身的裙子。好看的紧身裙、紧身裤可以很好地展现你的身材。但是如果你对自己的身材不够自信，那么要慎选超短的包臀裙、超紧的包胸衣、暴露的深V衣，尤其在你重视的商务场合，过于紧身的穿着显得十分不专业。即便你身材姣好，追求时尚，那可以在日常的朋友聚会、私人活动中尽情释放自己的身材魅力。职场着装上，还是要以庄重为主。

3. 别让穿搭掩盖了你的能力，也别让穿搭过度粉饰你的能力

所谓正确的穿搭，是可以让人通过你的着装和形象来对你进行正确的定位，能够对于你的能力、个性、身份有一个对的信息收纳。因此，不能让穿搭掩盖了自己的能力，像前文我所提到的朋友聚会，穿着过于随便对创业者身份的我而言有失得体。但是，也不能让穿搭过度粉饰自己的能力，比如很多刚毕业的实习生，为了凸显自信和气场，引起领导或客户的重视，于是学习电视剧里面的女强人，穿着紧身礼服搭配厚皮草或超正式黑西服，这会让人对其能力产生过高的期待。那么在接下来的商务沟通中，常会弄巧成拙。

穿搭只是一个标签，一张名片，它应该准确传达出你的实力，既不能掩盖你的风采和能力，也不能因为用力过猛让人产生过高期待，导致能力的穿帮。

4. 穿搭应契合行业特点或企业文化

职场，终归是一个人与人交换价值、提升自我价值的地方，它不是秀场，不是你张扬个性的秀台，也不是你毫无顾忌释放身材魅

力的舞台。你的穿搭，不仅是你能力和岗位的标签，还是你的职业和行业的代表。因此，在职场穿搭上，还要注意你的着装要尽量符合自己的行业特征。比如你从事金融行业，那么客户对你的期待是严谨、专业，因此能给人信赖感的西装最适合；比如你从事的是娱乐行业，那么客户更期待的是美感，因此设计感强、时尚的衣服就很适合。

你的穿搭还要尽量符合企业文化的要求。我的公司属于新媒体行业，需要找一个运营人员，一个姑娘剃了个光头、穿着大斗篷来上班，那显然有些不妥。如果一个公司老板提倡草根文化，他穿着非常朴素，从不穿西装，连上市敲钟也是衬衫配牛仔裤，公司人员也都穿着朴素而随意，那么你穿着西装、西裤去上班，就显得格格不入。

所以，穿着得体很重要，合时宜更重要。

得体穿搭的意义

很多女性认为在穿搭这件事上，怎么开心怎么来，没必要取悦别人。在我看来，在穿搭上用心，从来不是取悦别人，而是为了愉悦自己。

1. 得体的穿搭，可以换来关注

我们在前文提到博取关注是每个人的心理需要，对于女性而言，更甚。而女性有得天独厚的博取关注的方式，那就是得体的穿搭。我从小有一个梦想，就是将来有一个属于自己的大衣帽间，里面干净、整齐地摆放着我的一件件衣服，我可以每天从里面挑选最适合自己心情的衣服，穿得美美的，开启一天的生活。

小时候，我妈妈在小镇上是一个很特别的存在。她喜欢穿旗袍和碎花裙，哪怕去菜市场买菜，去商店买日用品，也会穿得很精致。我清楚记得小时候，有一次经过裁缝铺，裁缝师傅指着我说："你就是谁谁的女儿吧，你妈妈真是太有气质了，每次见她从门口路过都穿得很讲究。"小时候的我，作为女儿，都非常享受这种美好评价所带来的骄傲和自豪感。可以想象，妈妈的精致给自己带来了多大的自信。

2. 得体的穿搭，能增添精神活力

得体的穿搭，能给生活带来活力和动力。我妈妈把打扮自己作为一大乐趣，从中感受到了愉悦。她心情好了，爸爸的心情也跟着好，我也享受这种美所带来的家庭愉悦与和谐。每当回忆往事，我都能想起妈妈穿着漂亮的碎花裙、哼着小曲做饭的样子，实在是太美好了。那是我记忆中无限耀眼的一道光芒。

我们可以用语言来宣泄情绪，用唱歌来释放压力，用艺术来疗愈自己，同样，我们也可以用穿搭来调适心情。我发现如果我很疲惫，衣着随便，那这一天都过得很随意；而如果我精心收拾好自己，一整天做事的态度都会更积极、更用心。当我穿着优雅、淑女型的衣服，我的举止动作也会变得优雅，整个人的气场都变得柔和；而当我穿着帅气、中性的商务装时，言谈举止也会显得干练、果断。衣着是一个信号，向外传递信息，也给自己传递暗示。所以认真穿搭是一种积极的生活方式，可以促使你去更热爱生活、热爱世界、热爱自己人生的每一天。

3. 得体的穿搭，具有强视觉输出力

穿搭是一种自我表达，正确的穿搭能够为我们节省介绍、陈述、推介自己的时间，更快速、直观地告诉对方自己是谁。这种视觉输出方式，能够利于我们更高效地处关系、做事情。它是你言谈、举止的辅助，也是你能力、气场、价值的助推剂。当你穿着得体，精致地站在客户面前时，真的能够起到“此时无声胜有声”的效果。这当然是一种自我裨益。

如果你是一名全职妈妈，同样需要装扮自己。找对适合自己的穿衣风格，本身就是对自我美丽的加持和放大，它可以掩盖你的缺陷，同时让你的优点更不被忽视。把自己打扮得美美的，是你我对生命的最好敬畏。

融洽的

关系

给你的人生

带来**加持力**

第3部分

Third Part 关系管理

女性
情感道路上的
必修课

对于任何女性来说，情感都是不可忽视的一个人生重要组成部分。甚至很多女性崇尚感情至上，情感是她们需要面对和解决的最重要的人生议题。相比于男性，女性更感性，更需要在关系中找到价值感。因此学习更有力量地去处理情感问题，更好地经营关系，是很多女性的必修课。

8 爱和被爱

在爱情面前学会爱自己

无论你有怎样的学历，怎样的出身，怎样的样貌，获得过怎样的事业或成就，都无法让你在情感能力的成长上走捷径。即便学历再高，你也不一定在感情上更顺利；即便你的事业做得再强，也无法让你比别人更懂得爱与被爱。所以，情感能力，需要你在体验中慢慢提高。如果不用心去学习爱与被爱的能力，不去学习经营关系的技巧，那在情感维度上你很难长大、成熟，这必然会使你遭遇痛苦和烦恼。

所以，情感能力的修炼，与你的成功和知识无关，也不会因为你在其他方面的卓越而得到弥补、提升。遗憾的是，我们大多数人在情感能力的养成上是被放养的，父母在生理需要上照顾我们，却没有意识养育我们的情感能力；学校老师注重学科能力的教育，却不够重视品格和情感能力的教育。这使我们长大成年后，只能自己摸索着去谈恋爱，结果往往碰得伤痕累累。我们不懂得如何正视自己的情感需求，如何表达自己的爱与情感，更不知道如何正确维护好一段亲密关系。当爱情受挫了，我们只知道痛苦，却不知道如何面对分手和离别，如何从痛苦情感中走出来。

如果你正处在感情的旋涡里，或正处于甜蜜的热恋中，又或者在爱情面前彷徨无措、迷茫又胆怯，接下来的内容可以带给你思考和技巧，让你有面对爱情的勇气，以及经营关系的力量。

关于情感，我的感情观是：情感过程，不在于如何处理好关系，而在于对自我的探索。在我看来，爱情是对人生的一种全新体验，它可以触及我们最深处的情感需求，给予我们探索自己的机会。我们应该学会去独立、享受地完成这次自我探索，认识更真实的自我。当我们能够建立这样的情感认知时，与伴侣的关系问题也就迎刃而解了。

人们常说："爱别人之前，要先学会爱自己。"我觉得更准确的说法，应该是"爱别人的过程，就是学会怎么爱自己的过程"。心理学上说，我们每个人的世界都是主观的，因为我们都活在自我的框架下，自我选择什么，我们才会看到什么。而我们所看到的伴侣身上的缺点或问题，很大程度上源自我们内心的投射。所以，学着去爱对方，其实是学着爱自己。遇到一个良人，产生一段好的情感经历，可以帮助你在享受爱与被爱中真正成长为人格独立的个体。

相比于男性，女性更加多愁善感。对情感的天然敏感，使女性更柔情似水，更善解人意，这是很大的性别优势。只要利用得当，它就能成为你强大的武器。只可惜很多女性驾驭不好自己的敏感和多情，很容易缺乏安全感，掉进感情的旋涡，在对对方的依赖中迷失自我。这时，这项天然的优势反而成了致命的弱点，使一个人在感情面前深陷痛苦。

所以，女性的情感能力是一把双刃剑，我们要学会好好利用它，用它来滋养关系、疗愈自己，而不是举剑自伤。

接下来的三节内容，我提供给你三点建议，帮助你完成在情感世界中的自我探索，学会驾驭自己的情感，享受爱情带来的人生体验。

尊重并表达自我需求

很多女性会有这样的认知：女人在感情面前不能主动，一主动就输了。我并不认同这个观点。在我看来，如果你想要什么，就要主动去争取，不管是事业还是感情。一个主动的女人，更懂得自己想要什么，也更会积极找寻方式来满足自己的需要。感情是双向流动的，你不能只等着被动接受，还要主动去推动，这样才能让感情在“你来我往”间更浓烈。

生活是自己的，所有你想要的东西都需要自己去创造，不要寄希望于别人的赠予。生活没有捷径可言，想要的事业，需要自己打拼；想要的生活，需要自己去经营；想要的爱情和相处模式，也同样需要自己主动去维护。

如果在爱情中一直期待对方的“投喂”，那么你将活在焦虑和不安中。女人啊，如果你想要爱，那就大声说出来，向对方表达自己的心意；如果你想要浪漫，想听甜言蜜语，想每天都通一通电话，那就直接告诉对方，越具体越好，一定不要期待对方能猜透你的心思。如果你不说，对方可能就猜不到，要知道男性在情感方面本身就比女性迟钝些。你委婉表达出需求，对方都不一定能够完全知晓，如果完全憋在心里，那你很难等到惊喜，到头来，你生气、伤心、委屈、痛苦，对方却一头雾水，觉得莫名其妙、不可理喻。长此以往，双方隔阂越来越多。男人不懂女人在想什么，女人责怪男人不理解自己，真的是一个生活在火星，一个生活在金星，交集越来越少，交心也越来越少。最终，关系陷入死循环。

爱情，是两个人相爱，并产生情感互动的现象。这是两个人的事情，不是一个人原地不动，等待另一个人的全力奔赴，它需要两个人的双向奔赴。如果两个人能够主动奔向对方，都主动、用心去表达自己的需求，回应对方的需求，那将是最美好的爱情的样子。但事实上，相比于女性，男性在感情面前更加迟钝、愚笨，因此女性是否能够主动出击，对于爱情的开花结果至关重要。

男人不给你花钱，并不代表他不爱你；男人不主动求婚，也不代表他对这段感情不上心。你不能把自己作为一个爱情中的评鉴官或审判官，只要对方行为不达标，就给对方定罪判刑。你更应该作为积极的一方，发挥女性柔情似水的优势，去主动建立起自己所期待的相处模式，建立自己与爱人的爱情公式。

事实上，在任何关系中，谁主动谁就有主导权。当你能够勇敢主动表达真实需求时，对方才知道如何配合你、回应你；而且才能让对方感受到你的信任和依赖，将心比心，对方也愿意把自己真实的喜怒哀乐分享给你。如是，关系就进入到你侬我侬的舒服状态。

学会表达“我希望”，告别指责和埋怨

在我结婚几年的时候，有一次去闺密家吃饭，我发现她老公特别会做饭，而且是变着花样地做，做得健康又精致，他能够把妻女的每顿饭都当作头等大事。这让我内心产生强烈的落差，因为我连怀孕时都没吃过老公做的饭，更别提平常的日子里了。回家后我越想越委屈，但没有跟老公直说，而是把情绪憋在了心里。

情绪一旦产生，不予重视和处理，绝对不会消失，而是伺机找寻其他方式表现出来。所以，在接下来的日子里，我看他哪儿都不顺眼，只要有点不如意，就萌生离婚的念头。我坚定地以为：如果一个男人都不能照顾我的生活，我凭什么要跟他过一辈子？

我这种心理上的波涛汹涌折磨的是自己，老公觉察不到我内心的委屈，自然也不会表现出更满意的行为。而且我偏执地以为一个男人重视老婆、孩子，就应该想要为他们做饭，否则就不值得依靠。

看他生活照旧，波澜不惊，我更加生气，又想到一个内心一直未放下的心结。我爱旅游，结婚前，他承诺我，以后每年都会旅游一次。男人以为女人喜欢承诺，所以才会立承诺，其实女人真正想要的是承诺的兑现。结果，他虽然给了我承诺，却一次都没有兑现。

一近一远的两件事加在一起，让我更坚信自己的婚姻是个错误。因为有了这样的偏执认知，我会刻意去找事，动不动就发脾气，导致俩人的分歧和矛盾越来越大。

老公终于看出不对劲来了，直接问我：“你最近脾气为什么这么大？”我很清楚去指责和埋怨他，无法从根本上解决问题。所以我把自己的真实需求表达出来：“我现在处在创业阶段，每天在外奔波，没有精力照顾家庭。我希望你可以更多地分担照顾家庭的责任。我希望孩子的饮食能够得到保证，不要天天吃外卖，我希望你可以学着做饭。如果你再这么放任不管，你就要失去我了。”

当我直接表达出自己的需求后，老公就准确理解了我需要什么，想要他做什么。他也清楚了自己应该怎么做来满足我的需求。于是他开始学习做饭。现在我们家的一日三餐都由他来负责，做得特别好，把女儿的嘴都养刁了。女儿有次甚至对我说：“妈，你别创业了，让我爸去创业吧。我爸如果开个饭店肯定很成功，他的厨艺绝对不亚于五星级厨师。”

我从没有想过有一天，我这个双手不沾阳春水的老公也可以成为“别人家的老公”。

在感情里，如果女人一味地等待，等来的只有失望；一味地指责和埋怨，换来的是矛盾的激化；把心思埋在心底难开口，也只会让自己伤心。女人在爱情里要成为驯兽师，不仅要学会告诉对方应该做什么，还要针对结果给予奖励。所以，我也会像女儿一样经常夸赞他饭做得好。这样的积极反馈会让他对于自己的“工作”更有积极性，他也更清楚“领导”需要什么样的行为。女人对爱人适时的肯定和奖赏会让对方感受到成就感，也更有利于进入对的角色模式。那么在丈夫这个角色上，他才更有目标感和方向感。

因为我愿意认真、主动去表达自己的需求，本身岌岌可危的婚姻也得到了拯救。

不要完全寄希望于被满足，学会自我满足

在感情中，并不是你的所有需求都能得到对方的回应，即便你非常清楚、具体地提出。这是因为每个人都有自己的能力范围和喜好，高于对方能力的需求，即使提出也得不到满足，反而会让对方深感无力；与对方喜好相悖的需求，即便对方能配合和满足，也不提倡。因为关系是相互的，你不能只顾及自己，而为难对方。

当对方满足不了你的一些需求时，你应该学会自我满足。比如旅游这件事，我老公完全不感兴趣，那我尊重他的喜好，降低对他的期待，转而寻求其他的满足方式。比如我可以自己去旅行，或者跟闺密或家人一起去，而不再强迫老公；又或者我提前把攻略做好，把东西全部准备齐全，让老公能够直接陪自己上路。每个人都是独立的，都有自己爱做的事情和不爱做的事情。我们在索取的同时还需要给予。在我看来，尊重对方的“不喜欢”，并给对方的“喜欢”独立的空间，这也是一种给予。我老公喜欢打球，我也一样不能陪他。婚姻不是让两个人的生活完全重叠，而是让两个人的生活有一部分交集。所以我们要学会放下对他人的完全依赖，并找到让自己快乐、满足的生活方式。

话说回来，如果你大胆表达需求后，对方无动于衷，怎么办？

关系的维护需要双方的努力，如果对方既不主动，在你主动后

又不回应，那或许可以考虑对方是否真心想要跟你共同经营婚姻。如果在关系里，只有你一个人努力、用心，那这段关系对你来说就是消耗型的。你不该考虑如何去迁就对方，隐忍自己，将就关系，而是应该尽快进行时间止损、精神止损，远离它。

很多女人（其实也包括男人）选择在一段关系里隐忍——为了孩子，为了面子，为了家庭。但在我看来，一段美好的关系已经千疮百孔的时候，就应该非常坦然地面对，真诚地沟通是否应该选择结束，大胆地以新的身份重建合适的、舒服的关系。真正的关键，在于终止关系的过程中，不要恶言相向，不要彼此伤害。开始时美好，结束时也依然美好。

正确的表达方式

表达需要时很关键的一点，就是用对正确的表达方式。正确的表达方式应该是：陈述事实，不指责，不反问，不抱怨。沟通中，要用陈述句描述问题，而不是用指责和反问的方式去抱怨问题，激化矛盾。

用陈述句描述问题，表达的是事实；指责、反问、抱怨，表达的是情绪。当你表达自己不满的情绪时，对方接收到信息后的自动反应就是防御，于是会用不满情绪来对抗，结果情绪碰情绪，矛盾更焦灼，问题却得不到处理。无论爱情、亲情还是友情，只要感情出现问题，基本上都是错误的沟通方式造成的。如果你明明期望对方做得更好，却一直指责对方做得太差，这种指责和抱怨的言行只会让对方离你越来越远。

陈述问题，是你本着解决问题的目标来跟对方沟通，把自己遇到的问题呈现给对方，表现出的是合作思维，能够促使对方把注意力放在问题上。在陈述问题时，表达自己的期待，能够让对方感受到你对其能力的信任，也更有方向去解决问题。

拿上节内容提到的“做饭”这件事。如果我只是质问老公，比如“你为什么不能为家里多做点事？”“为什么别人家的老公可以做得那么好，而你这么没用？”这只会挫伤对方的积极性。

一个人爱抱怨，活在抱怨的世界里，有两层心理原因。

一是缺乏责任意识，没有勇气承担责任。在这种心理动机下，他会通过抱怨环境来给自己开脱，仿佛关系出现问题都是对方的错，跟自己无关。

二是把别人当作自己的附属。如果一个人没有把别人看作独立的个体，那就会认为别人是为自己的人生服务的，是自己人生的附属，需要时刻为自己解忧排难，满足私欲。

如果你觉察到自己有类似的心理动因，那要学着去改变，学着用平实的表达方式描述自己的感受和期待，让对方评估自己满足你的需求的能力和意愿。这是对对方的尊重，也是解决问题的合作思维。

结婚后我才发现，我跟老公两个人的生活习惯很不一样，我习惯先吃早餐再洗漱，而他喜欢先洗漱，再看会书，然后才吃早餐。刚开始我特别不适应，都结婚了还要一个人吃早餐，俩人各过各的，这很奇怪啊。但是，我没有抱怨，只是描述我希望解决的问题：“我很希望你能跟我一起吃早餐，如果你不习惯先吃饭，那就坐在餐桌边看书，陪我说说话，这会让我一天的心情大好。”听完我的描述，他很乐意接受了我的提议。现在我俩还是按照各自的习惯生活，不过每天早晨在我吃饭时他都会陪着我。

老公是独立的个体，有自己独立的生活习惯，结婚后虽然我俩的生活有了交集，但他没有必要为我完全摒弃自己的所有。表达我的具体期待，才能让他感受到我对他的需要和尊重，他便愿意在自己的习惯和我的习惯之间找到平衡点。

同样，如果你需要对方及时回复你的消息，需要对方给你关怀和陪伴，记得：不要抱怨，直接描述。比如："我希望你能够及时回复我的消息，这会让我感觉自己被重视。如果你白天开会，那可以提前跟我说，让我知道你不能及时回复的原因。我肯定不会打搅你。"而不是："你天天忙忙忙，压根就不关心我。如果你关心我，怎么可能不回我信息？"当你能平和表达自己的诉求时，只要对方在乎你，一定会给你一个满意的解决方案。

很多人把婚姻当作自己的栖息地，在爱人面前无比放肆，要求对方包容自己所有的坏脾气，于是当对方做出不满意的行为时，自己只会指责和抱怨。但其实换角度思考，小时候的我们都不喜欢大人的唠叨、管束和指责，长大后的我们不喜欢老板和客户的埋怨和抱怨，那么爱人怎么可能喜欢抱怨、指责、满腹牢骚的怨妇呢？的确，被爱着的人有恃无恐，但是一味地作、闹，也会让爱情变淡。

最好的离别是接纳

学着用陈述的方式表达自己的爱情诉求，是我们每个人的修炼。但这并不意味着能够主动、正确表达自己，就一定可以在情感世界里无往不利。在生活中，很多时候我们必须要接受一个生命的真相：即便你在情感世界里的每一步都走得正确又得体，也未必能收获圆满的结局。更何况，我们很多人缺乏情感能力，难免会在情感道路上跌跌撞撞。如果一段关系注定要结束，我们要学会勇敢接纳分离。

能够勇敢、坦然地接纳分离是一种能力，或者可以说是一种修行。我们每个人的一生都会经历很多的分离——与父母的分离，与朋友的分离，与一段时光的分离（比如上学、工作离职），以及死亡这一人人无法避免的分离。很多人爱养宠物，宠物的寿命都很短，宠物离世对我们来说也是一种痛苦的分离。总之，分离是我们生命的重要组成部分，我们需要慢慢学会接纳人生路上的这一必经过程。

那么为什么很多人在面对分离时接纳无力？为什么他们无法冷静地接受分手或离婚？分手是非常痛苦的体验，对任何人来说都不会是一件快乐的事，但有些人在面对分手时反应异常激烈，甚至痛不欲生，有了结自己生命的念头。这些人之所以会出现这么激烈的分离恐惧感，是因为他们从小到大都没有经历过真正的分离。

每个人人生的第一次分离，就是成年。成年，意味着我们从一个孩子长大成为一个完整意义的成年人。如果心理上没有长大成年，个体就会成为一个对他人有依赖的成年人。所以，当他们喜欢上一个人时，就会把自己所有的快乐、悲伤寄托在对方身上，依附于对方对自己的态度和评价。这是非常危险的。因为没有人会真正爱一个依附自己的人——这样的人是没有独立的灵魂的。任何的爱都有自私的成分，都渴望从被自己爱的人身上获得回馈，比如爱、支持、理解或者更现实的物质帮助。很多男人虽然有大男子主义表现，渴望在爱情里表现自己强大的保护欲，但是他们也期待对方的积极回馈，比如倾听他的心声或给他力量。

很多女性因为没有独立的自我，缺乏安全感，一旦恋爱，就表现得十分“恋爱脑”。只要对方没有及时回应自己，她们就表现得患得患失、喜怒无常，甚至偏激无度。一旦对方提出分手，她们就会消沉、崩溃、绝望，甚至出现自杀的念头。那么，如何接纳分离，走出失恋呢？

允许痛苦的存在

意难平怎么办？

“熬都熬过来了，就不要回头看了。”把这句话送给你。

痛苦跟快乐是对立统一的。从体验的角度来说，有快乐，就会有痛苦。我们在多大程度上能够享受快乐，就应该有多大能力去承接痛苦。而且，孤独本就是生命的本质，每个人的人生道路都是独立的，这条长长的道路上的唯一行军就是自己，在你生命中出现的任何人都只能陪伴你走过一段或长或短的旅程，你必须认清这一点，这点十分重要。

所以，能够相对长久陪伴彼此，是难得的缘份，但双方在短暂的相聚后分离前行，才是生命的常态。所以对于恋爱来说，能够从初见到偕老，当然很幸运，但几乎所有人都没有这么好的运气，很多人或许在人海中兜兜转转遇过很多人，发生过很多段感情，方能找到陪自己白头的那一个甚至有人到头来还是孑身一人。

爱情之所以让人上头，很大程度上是因为它受人体内激素的影响，激素的起伏变化引起你的喜怒哀乐。当你和对方面对彼此时的激素发生变化时，爱情的味道便会发生变化。

所以，恋爱对我们每个人来说都是一种生命体验，痛苦是其重要组成部分。当痛苦产生时，你要学会允许并接纳痛苦的存在。

我一直认为情感问题对每个人来说都是一种自我探索和成长，痛苦情绪其实更能够使我们成长。在痛苦情绪出现的时候，学着允许它存在，带着它去生活。当你遭受痛苦时，你可以假想自己有两个我，一个是本我，一个是超我，本我是追随本心的自己，超我是理性成熟的自己。让本我去消沉，去流泪，去痛哭流涕，去萎靡不振，但用超我去陪伴本我，告诉本我：此刻的痛苦是再正常不过的事情，想哭就哭吧。痛苦是一种好的体验，可以让你更深刻地感受生命的真谛。当体验过这种痛苦，你就不再痛苦了。当下一次再遇到这种爱情问题，你就可以更强大去应对了。因为你有了痛苦的经验，从痛苦中成长过来的你已经有了面对痛苦的自愈能力。

当有一天你发现你不再痛苦了，其实并不是它消失了，而是你接纳了它，它成为你的一部分。这个过程中，你也悄然地成长了，能够更成熟去迎接以后的爱情和人生。

我不想打破所有的浪漫，但正处于痛苦中的你的确需要知道，此刻感情的痛苦是因为曾经的快乐，那个为你制造快乐的人成为一把掌控你情绪的钥匙，现在这把钥匙丢了，于是你失去了快乐的能力。请相信，当你经历过暴风雨，经历过黑夜中的哭泣，经历过与痛苦的握手言和，你的快乐钥匙将不再被别人掌控。

学着先自爱，而后爱人

一个爱自己的人，才会爱别人。如果一个人连自己都不爱，那他有什么资格爱别人？所以我希望女性朋友都学着去自爱，把每次痛苦当作一次次学习，让自己在经历中变得越来越好。

现在的我已经 40 岁，早已经不再是面对爱情哭哭啼啼、脆弱不堪的小姑娘。年轻时，我也曾因为失恋痛苦到绝望，甚至跑去堵在前任的家门口求复合。所以对于女性来说，失恋的苦和涩都应该品尝过。

一个内心强大的人也一定是经历过无数痛苦，并把痛苦变成铠甲的人。随着长大我逐渐明白，世界上可能没有不失败的爱情，我们可以把每一场爱情当作人生的一次学习，当一段爱情结束时，你我在这段爱情里的功课也学完了，我们要毕业了。接下来，我们要把这段感情中的收获用在对未来关系的经营上。把经历变成你成长的营养，你将收获一个完全蜕变的自己。如果你不放手旧的，又怎么去迎接下一段真正属于自己的美好爱情呢？

学会自爱，你的内心才会变得越来越有力量，未来不管遇到怎样的坎坷，你都能更有勇气和力量去迈过，而不留下伤痕。

人活在世，会遭遇很多痛苦，比如贫穷的苦、疾病的苦、感情的苦……随着人类越来越强大，贫穷的苦会因经济的发展而解决，疾病的苦也会因医学的进步而缓解，但感情的苦却仿佛永远得不到解决。感情的苦是每个人人生的一大功课。换角度想，人活在世，不就在于体验吗？在这门功课上，学着去自愈，去自度，才是对生命的积极探索。

我并非心理学专业工作者，我提供给女性朋友的方法都是我自己使用起来比较奏效的方法，可以给你提供一种思考和行为方向。如果你深陷感情的痛苦无法自拔，甚至这种痛苦已经影响到你的工作、生活和人际关系，建议你看一些专业心理学书，或者求助于心理学专业工作者。

本部分最后，我想用一段最近觉得十分受益的话来结尾。

我觉得，我们应该相信爱情。我们绝大多数人都是普通人，卑微如尘土。一辈子的日子很多，而陷入爱情的那短短几个月时间格外珍贵，因为它让我们觉得自己是世界上最幸福的人。但是爱情所带来的激情和狂热，在漫长的人生中只能停留短暂的数月或几年。爱情太短，岁月太长，这是每个人都无法解决的难题。

爱情的归宿不是婚姻，而是成长。与大家共勉。

女人为家庭放弃梦想，是遗憾还是成功

很多女性的婚姻生活很幸福，老公完全有能力给家庭提供优质的物质保障，因此她完全可以不为生计操劳，安心在家做全职太太；还有一部分女性，没有很强的事业心，乐趣就在相夫教子上，因此成为一名全职主妇就是自己的生活目标；当然还有一部分女性，也想在职场上“乘风破浪”，闯荡出一片天地，可奈何没有人帮自己照顾孩子，于是迫于无奈，选择辞职在家，当起全职妈妈。她们为了家庭和孩子，放弃了自己的梦想，以及一部分的自由和自我——后者或许占大多数。无论出于何种原因，你选择成为一名全职妈妈，本章接下来的内容都值得你好好阅读。

家与梦想

全职妈妈的心灵必修课

我经常收到粉丝的私信："丁姐，如果我当初选择去拼搏自己的事业，也会很成功吧？像我现在每天守着老公和孩子，是不是人生的遗憾和失败？"

关于"全职妈妈"，我觉得应该建立一个正确认知：人生不止一种活法，成功不止一种定义，全职妈妈是一种很飒的人生选择，是一份全职工作。

我不认为事业做得风生水起的女性才是成功的，而相夫教子的女性，就是失败的。人生的道路，可以有很多种选择，每一种选择都没有绝对的好与坏。能够打拼事业的女强人，固然光鲜亮丽，但并不是这样的人生就更优越、更体面；选择放弃职场，把家庭照顾周全，也是一种人生选择，丝毫不卑微。

我们每个人都在自己的人生路上奔跑，需要跑赢的不是有着不同选择的其他人，而是跑赢自己，跑赢有限的时间，跑出属于自己的生命意义。

当你把“全职妈妈”作为自己的人生选择，你就要看得起这个选择，并给予应有的尊重。如果你选择了成为全职妈妈，却问我如果选择成为职场人，生活是否会更美好？我无法给你答案，因为我没有办法帮你判断你所放弃的生活到底是不是一种遗憾。这就像小马过河，只有自己体验过才能找到正确答案。

其实在我看来，在当今这个物欲横流的世界，当大家都忙着去打拼、赚钱，去追求华丽的事业和成功时，如果一个不喜欢职场的女性能够不随波逐流，选择享受家庭带来的平静和幸福感，是很了不起的。如果你真心喜欢家庭生活，能够放弃充满竞争和内卷的职场，遵循自己内心的声音去经营家庭，不受外界干扰，按照本心过活，这本身就是一种成功。

两个人结婚，组成一个家庭。为了家庭的成功，俩人会产生不同分工。如果丈夫擅长打拼事业，而妻子更擅长经营家庭，照顾孩子，那妻子作为家庭后盾，把一切经营好，这是非常具有成就感的事情。同样，如果丈夫在职场上不如妻子的发展空间大，为了照顾好家庭，丈夫选择放弃事业，回归家庭，把家人的生活照顾周全，那也是成功的大丈夫。

事实上，很多女性吃得了职场的苦，却未必受得了“全职妈妈”的累。我有个朋友，毕业后就结婚生子，成为一名全职妈妈。她每天的大部分时间都是一个人照顾孩子，有时候一天下来都吃不上几口饭。因为孩子很小，睡觉时容易惊醒，因此每次陪孩子睡觉时她都要小心翼翼，有时候要坚持一个姿势不敢动，直到孩子完全睡熟，她才能松口气，享受一点点相对自由的时光。

有一次，她哄孩子睡觉，孩子一直睡不着，她只能一直抱着，自己憋着尿也没办法去厕所。终于，等孩子睡熟后，把孩子放下，她赶紧朝厕所跑。结果，刚跑两步，没忍住尿到了裤子里。

这是一个全职妈妈的崩溃瞬间。很多没当过妈妈的人会觉得不可思议，连她丈夫也不能理解，问为什么不可以把孩子放下先去上厕所？照顾过孩子的人都知道，小孩子入睡是件困难的事情，而父母太希望让孩子能够吃好、睡好了。

我生完孩子、休完产假后就回归职场上班了。当时我的感受是：天啊，上班太舒服了，简直就像在度假啊。即便工作再忙再累，也总有上厕所的时间，总能喝杯咖啡。而且自己可以完全做好时间管理，安排好每个时间段应该做的事情，简直太自由了。但是全职妈妈，永远要处于“机动状态”，随时准备去满足孩子的需要，就像是被绳索捆住，身心处在巨大的疲惫中。

所以，如果你选择成为一名全职妈妈，要意识到这是一份全职工作。能够培养出出色的孩子，照顾好一家人的衣食住行，这已然是无比有价值感的事情，对于社会来说，这是太大的贡献。

我认识的一位全职妈妈就坦坦荡荡地跟丈夫聊她每月的薪资。她在生娃以前也是一个职场女强人，为了孩子她选择全职在家带娃。如今，市场上的白班保姆一个月薪资要 5000 元，全天保姆一个月约 10000 元的薪资，如果节假日都不能休息那就更贵了，再加上妈妈本科毕业，能说一口流利的英语，能辅导孩子的学习，这种标准的保姆需要 25000 元左右的薪资，而且往往招不到合适的人。最后经过讨价还价，丈夫每月付给妻子的月薪是 20000 元，然后两人从各自收入中拿出钱来经营家庭。我非常欣赏这位丈夫的态度，他这样做可以保证两个人的内心都是平衡的，而且也认可了妈妈带娃这项工作的价值。

这里的内容，是写给所有丈夫看的。希望全职妈妈的伟大付出，能被看到，被认可，被尊重！

孩子不是你的唯一，成长才是

全职妈妈之所以辛苦，不仅仅因为需要付出高强度的体力和精力，还因为需要承受身边人的不理解。

我们这个社会有个基本的错误共识（起码很多人会有这样的误解），仿佛“全职妈妈”是事业不成功的女性才会做出的选择——没有收入，需要花男人的钱，天天围着柴米油盐转，不打扮也不光鲜，洗衣做饭照顾孩子，这是任何人都能做的事情。如果一个高学历女性选择做全职妈妈，那就是对教育资源的浪费，是很丢面子的事情。而且当一个全职妈妈哭诉自己的辛苦时，也会引来家人、朋友的冷漠回应，丈夫会认为自己赚钱养家最伟大，在家带孩子有什么累的；当一个全职妈妈把心酸和委屈说给公婆听，公婆会觉得当妈都是这么过来的，有什么好矫情的；当一个全职妈妈向单身的闺密倾诉时，也往往得不到共情，因为对方无法体会其中的不易。尽管这些认知慢慢被扭转，越来越多的人把“全职妈妈”作为一份很难胜任的职业来看；人们也渐渐理解全职妈妈的不容易，对她们的付出给予尊重。但委屈依然是不可避免的。

如果一个母亲选择成为全职妈妈，去承担这个重要的社会角色，那应该学会找到这个角色所带来的价值感和成就感，让自己更充实、快乐地来诠释这个角色。这里的关键是：不要把孩子作为你的唯一，成长才是。

如果你把孩子作为自己的全部，将全部心思放在照顾、培养孩子身上，就很容易出现越界的问题。孩子是一个自由的个体，他有自己的自由意识和想法。但如果一个妈妈把照顾孩子作为自己注意力的全部重心，那她很容易表现出强烈的控制欲，想办法让孩子按照自己的想法来。一旦孩子与自己的想法相悖，就很容易出现负面情绪。而且，养育孩子这件事是指向分离的，孩子总有一天会离开父母，展翅翱翔，如果一个妈妈的世界里只有孩子，那她很难坦然面对孩子与自己的离别。

我们要明白，你承担“全职妈妈”这个角色，不是为了感动谁，而是为了成就自己。“全职妈妈”跟其他职业一样，要想做好，不能完全放弃对自我的提升。时刻保持自我成长，才可以给家庭、自己带来新鲜活力，也才能跟得上孩子成长的脚步。

养育孩子的过程，也是妈妈重新生活的过程。成为全职妈妈，是很难得的重塑自我的契机。

如果你一放下孩子就拿起手机，刷短视频，泡肥皂剧；如果你除了孩子，就是八卦、抱怨，那或许你会发现身边人越来越不愿意跟你相处。因为你没成长，跟你相处没有新鲜感，而且被负面情绪缠绕的你会让身边人感受到满满的负能量。长此以往，是恶性循环。如果你有这样的现状，那就抓紧改变。

首先，多看育儿书籍，让自己在这件事上越来越专业。

做一行像一行。如果选择成为全职妈妈，那就成为一名专业的、有能力的角色诠释者。虽然都说母爱是天性，但其实没有谁生下来就会当妈妈，通过主动学习知识养育出来的孩子肯定是不一样的。在我看来，养孩子也是另一种创业，一个妈妈如何去陪伴孩子、引导孩子，影响着孩子成长为一个什么样的人。

所以，你要把养育孩子作为自己创业来做，作为一个精心去经营十几二十年能够收获回报和成功的大项目去做。任何的创业都有可能亏本，到头来竹篮打水一场空，甚至遭受事业、家庭的双重打击。但用心去培养孩子这件事绝对不会亏本，多用一点心思，就有显而易见的成效，这是收益确定的投资项目。

多读书，多学习，让自己成为一名专业的全职妈妈，也能够通过言传身教给孩子树立榜样。

让自己在当妈这件事上更专业，跟把孩子作为自己的唯一，是两回事。不学习的忙碌，是一种耗竭，孩子越大你就越无力；而当你想要通过学习提升自己的“业务能力”时，你会发现自己的见识、认知也都在同步提升。在陪娃的过程中，你也在收获更好的自己。

其次，增加室外活动，多跟其他家长交流。

等孩子大一些时，你可以带孩子多参加一些活动，让自己有更多的社交机会。妈妈们应该有意识带着孩子去玩，去逛博物馆、图书馆、画展、科技馆等。这些室外活动不仅可以开阔孩子的眼界，让孩子增长见识、接受知识和思想的熏陶；还能丰富你自己的生活体验，去看到更丰富、精彩的世界，提升个人幸福感和愉悦感，而不是让自己陷在家长里短、柴米油盐的琐事里。这些是带娃与成长两不误的活动。如果生活在农村，带孩子去田野里、草地上玩，也是很不错的疗愈身心的活动。

最近我女儿在学跳舞，每周都要去一趟三里屯。她上课时，我就在周边玩，逛街或体验手作。她上课的这段时间里，我把三里屯周围好玩的活动都玩了个遍，对我本身也是一种放松。而且我并不把孩子上课作为一项投资，认为孩子必须学有所成才能对得起我的付出。我认为，孩子热爱跳舞，那么上课和学习是对兴趣的探索和体验；而我陪孩子上课，也不是牺牲自己宝贵的时间去奉献，她不需要必须学出成果来回报我的付出，因为我很乐意有这样的由头去放松自己。

所以，不要把自己的付出当作牺牲，要去感谢孩子给自己这样的机会去体验生活。你要想方设法去享受自己跟孩子在一起的时光，让自己快乐地沉浸、积极地参与、放松地投入。孩子在成长，自己也要成长。

如何做到养娃与事业两不误

当你拥有成长思维，把养育孩子作为一项事业来做，你很可能会收获事业的第二春。

我曾在短视频平台上看过一个全职妈妈的成长故事。这个妈妈很爱做饭，因此每天琢磨着花样给孩子做营养、好吃又好看的饭菜。当她关注到新媒体很火后，便注册了一个短视频账号，挤出时间来学习怎么拍摄和剪辑，把做的饭拍出来，发到网上。两年下来，她收获了 1000 多万粉丝，开始通过接广告获得收入，还在网上做起了“网红妈妈”，跟妈妈们分享自己的育儿知识。她不仅把孩子照顾得很好，自己也从“妈妈”这个角色上创造出了自己的新事业。

这样的女性实在让人佩服，带娃、工作、赚钱三不误，是我们所有女性学习的典范。她并没有过人的专业能力，只是把给孩子做饭这件事做到了极致。所以啊，为孩子牺牲自己的事业可能是很多女性迫不得已的选择，但抱怨因照料孩子无法做自己喜欢的事，无法搞事业，就有点为自己的惰性找借口了。你可以多关注身边的商机和变化，并结合当下自己的现状和爱好找到适合的机会。

“年糕妈妈”是非常成功的事业女性，她的事业也开始于做全职妈妈。最开始照顾孩子时，她觉得心力不足，劳累心烦，而老公也不够共情和理解自己。

她想要找到一个倾诉的窗口，以获得一些价值感和存在感，于是开始写公众号文章，分享自己的带娃经验和心路历程。几年下来，关注她的人越来越多，她也因为干货满满的育儿经验和强大的人气，成为网红妈妈，拥有了光鲜的事业，并出版了一系列育儿书籍。

所以，只要你拥有成长思维，养育孩子的过程就会成为自我蜕变的契机，让你的人生在新的赛道上扬帆起航。如果一个女人能玩转家庭，带大孩子，又把育儿的乐趣升级为光鲜亮丽的事业，那多么了不起啊？！

其实，事业无大小。即使做不了呼风唤雨的大事，你也依然可以找到让自己充实的事情，来对抗为孩子放弃自己事业的牺牲感。

有一天，我在路边看到一个 20 多岁的年轻妈妈骑着自行车载着孩子。忽然，妈妈停在了一个垃圾桶旁边，在里面熟练地翻腾着——她在捡垃圾。孩子回过头看见我，露出一丝尴尬的神情。看到这一幕，我有些难过，觉得这个妈妈一定为生活所迫，才会带着孩子出来捡垃圾。但转念一想，我由衷地佩服她，她或许为了孩子放弃了工作，又不愿意伸手向老公要钱，但又没有更好的收入选择，便在照顾孩子的时候顺便捡垃圾，赚点收入。我想她在卖掉垃圾赚到收入的时候，一定是无比开心的。

任何时候都不要小看主动学习的力量。当你能主动找寻让自己充实、自由的方式去跟世界连接时，你会爱上任何角色的自己。

如何找到情绪养分

最后一个给全职妈妈的建议，就是要找到自己的情绪养分。

人的情绪是需要养分的，最直接的养分就是你的兴趣爱好。有人喜欢做饭，那么做饭就能给她提供情绪养分；有人喜欢收纳和打扫，那么收拾房屋就能让她情绪变好；有人喜欢唱歌、跳舞，那么跟朋友去唱歌，去学习跳舞，就能让自己快乐；还有人喜欢看书，睡前看书、写字就能消解自己一天的疲劳。

我有一个高中同学，喜欢跳舞，已经做了 20 年全职妈妈的她，经常在高中同学群里分享自己的跳舞视频，气色状态非常好，她把跳舞当成自己的一个精神支柱和情绪养分。我特别喜欢收拾房间，只要心情不好，我就疯狂打扫卫生，收纳物品，扔掉一些不必要的东西，进行断舍离，等收拾完了，看着整洁的房间和物品，我的心情也会跟着大好。

现在的我跟女儿每周日都会度过一整天的亲子时光，我们会约着逛街、吃饭、看画展，还一起报了一个插花课。亲子相处和插花课成为我俩的情绪养分。上课时，我插我的花，她插她的花，两个人像朋友一样聊聊天，简直太享受了。

当一个人在做自己真正喜欢的事情时，是可以汲取到情绪养分的。为什么很多人在工作中特别忙碌，但是精神状态很好，热情高涨？那是因为他们在做自己真正喜欢的事。一个人如果只把工作作为自己赚钱养家的工具，毫无热情地应付朝九晚五的事务，是无法获得情绪养分的。

照顾孩子、处理家庭琐事，并不是一件十分快乐的事情，它可能伴随着你无数次情绪的崩溃和手忙脚乱的疲惫。所以如果很多妈妈整日把自己埋在单调的带娃日常中，没有放松身心的乐趣和爱好，是很难保持好心情的。一个不快乐的妈妈，会让整个家庭的氛围变得无趣。

要想获得情绪养分，你可以创造一个自己的心情小天地，去重拾自己曾经的爱好，又或者跟着其他妈妈学习培养新的兴趣；你也可以跟孩子共同创造一段美好的亲子时光。当然，带上丈夫，也是不错的选择。

对孩子说：不陪伴你，不是我对你的亏欠

神无法无处不在，所以创造了妈妈。妈妈是了不起的，但也总会被一些难题困扰，亲子教育问题就是其中之一。好的亲子教育不仅对孩子的成长有利，对妈妈也是一次重生。孩子因我们而来，但孩子并不属于我们。父母跟孩子之间就是一场深厚的缘分，就像我们跟远隔千里的人终成眷属，跟五湖四海的人成了亲密的朋友一样，这些都是缘分。只不过，我们跟孩子的缘分更深一点而已。我在生活里跟孩子相处的方式、交流的方式，也都是基于这个观念来的。

亲子

站着跟孩子沟通

所谓“站着跟孩子沟通”，指的是用平等的姿态和成人的语言跟孩子沟通。从孩子一出生，我跟她的交流就是用对待成人的方式。我不会跟她说：“吃饭饭吧，坐车车吧。”我都是直接说：“该吃饭了，去睡觉吧。”其实，孩子能理解成人的语言，只不过我们成人总是小瞧孩子，总是把他们幼稚化。这种方式相当于主动给自己和孩子之间制造了一种强弱的关系，即家长是保护孩子的，孩子是从属于家长的，孩子离开了家长就是危险的。

有研究表明，用成人的语言跟一定年龄阶段的孩子交流，孩子的语言能力和理解能力都会比被幼稚化的同龄人更强。虽然你刚开始用这种方式跟孩子交流的时候，他理解起来略微吃力，但这也会迫使他开动脑筋，去分析和猜测，逐渐就能掌握更多、更难的词汇和更复杂的句子。但这并不意味着跟孩子交流时刻意使用晦涩难懂的句子，以此来提高他的理解能力，这样恰恰会适得其反，使孩子逐渐失去跟你沟通的欲望。像朋友一样，跟孩子平等、正常地沟通，就是最好的交流方式。

在女儿很小的时候，我就喜欢带着她出去旅行。她只有一岁多的时候，我独自带她飞去厦门旅游，我们两个刚走到海边，我正准备喊“大海，我来了”，没想到她用嗲嗲的声音先喊出来“大海，我来了”，然后就一扭一扭地开心地去海滩玩儿了——这是我的语言体系的传承。之后我带她去咖啡厅休息，我点了一杯咖啡，她点了一杯牛奶，我们居然可以静静地坐很久。我不想给予她作为一个孩子的特权，我要把她当成我最好的朋友。我很开心拥有这个朋友陪着我一起探索世界。

她现在 10 岁，偶尔来我的办公室跟我一起学习、工作，有时候她去我的直播间帮我的同事做一些简单的、力所能及的工作，比如她会打扫卫生，收拾直播的样品。我也认真给她算酬劳，比如满额是 10 块钱的报酬，但是如果她做得不够好，我就不会付给她 10 块钱。我的同事也会用对待普通同事的心态跟她相处，她也会分享自己的工作体会。这一点小小的锻炼对她来说也是有意义的。我有时候也会把我的一些工作上的烦恼和问题讲给她听，让她给我提建议。她总会给出不可思议的解决方案——有时是完美的，有时是离谱的。

行为比语言更重要

我把孩子当朋友，所以在生活中我经常会像对待朋友那样针对自己的言行给出解释。

分离焦虑是很多妈妈不得不面对的一个问题。在孩子小的时候，你只要出门上班，他就哭。于是很多家长常常哄骗孩子，说："好好好，我不去了。"然后再趁孩子不注意，找个机会偷偷溜出去。还有一部分家长习惯对孩子训话："你给我好好在家待着，听爷爷、奶奶的话！"

在我看来，这些方式都不可取，因为孩子并不知道大人为什么要这样做。

正如我前文所说，我们跟孩子的相遇是一场深厚的缘分，就像遇到一位亲密的朋友一样。思考一下，你的朋友想让你陪她逛街，你难道会直接骗她说你一会儿就去，然后悄悄放鸽子吗？或者直接跟她说你就是不去。你当然不会这样做，你一定会给她一个解释，以让对方接受你的决定。既然你不会这么粗鲁地对待朋友，那就不要这样对待孩子。

所以，遇到问题的时候，我一定会给孩子解释清楚我为什么要这么做。比如，我会跟她说：“我今天如果不去上班的话，这个月的业绩就完成不了，就会给别人带来困扰。如果我不去上班的话，我今年的目标就达不成，就没办法换来更多的钱去支付我们的吃的、用的。”我甚至会跟她说：“我们每个人都要为自己的目标去努力。”当然，我也会跟她说，我工作大概要用多长时间，我会什么时间回来陪她。我坚持用这种方式跟孩子沟通了一段时间后，她就再也不会因为我上班大哭大闹了。

同样的道理，如果你要惩罚孩子，也一定要告诉他你为什么这么做。比如女儿玩手机的时间太长了，超过了规定的半小时。我会跟她说：“你玩手机超过半小时，一方面眼睛近视的概率会增大；另一方面，你现在的心智还不足以去辨别这些网络信息的好坏，容易被不健康的信息影响。”这里涉及更重要的一点，就是你是不是也经常在孩子面前玩手机，是一个十足的低头族。语言的教育是最没力量的，当你想用道理教育孩子时，是否应该先注意自身的行为，先戒掉自己的网瘾？

我也建议父母用讲故事的方式跟孩子交流，或者你平时遇到一个不错的文章，也跟孩子一起分享。孩子都抵触家长喋喋不休地讲道理，但他们都喜欢听故事。比如我会给她讲，有一个本来是学霸级的孩子在高考之后反思说，如果不是高二染上了游戏瘾，他现在已经坐在清华大学的教室里了。他一开始也觉得就是玩一玩而已，但是这个东西一旦沉迷进去了，就不受自己控制了。现在这个孩子后悔莫及地发了一段视频。关于这个视频，我跟孩子一起看完，并深入探讨了。教育的过程是在彼此分享内心感受的过程中自然而然完成的。

即使有的时候，孩子听完没什么太大的感触，但每一次我都会给她讲类似的故事，时间长了，她自己也认同了。比如她现在特别骄傲的是，班上的很多同学都配戴了矫正眼镜，她的视力保护得很好，学习成绩也一直不错。

在这些沟通过程中，我从不逼着孩子说你不许这样，不许那样。这种沟通往往适得其反。生活中有很多妈妈是控制型的。控制，其实是父母对世界、对未来不信任，对自己、对孩子没信心的体现，本质上不是在教育孩子，而是通过控制孩子来强调自己的存在感、价值感和掌控感。

我身边也有个别女性朋友，不但控制孩子的日常起居，还要控制孩子的内心好恶。有个朋友是夫妻关系中的受害者，所以她在离婚后就经常给女儿灌输这样的想法，“你爸是不好的，做了很多错误的事”“你应该听我的”“你绝对不能对你爸好”……我觉得这种控制行为给孩子带来的伤害远远大于离婚这件事本身。我经常跟身边人说，离婚本身对孩子的伤害可以很小，但在离婚过程当中，父母对彼此的伤害，往往对孩子造成真正的伤害。因为双方都想让孩子站在自己这一方。

相比行为，语言教育的力量是很弱的。我从小到大都教育女儿，要温柔一点，多展示淑女的一面。但因为我本身就不是一个淑女，所以，无论我再怎么说，她还是长成了一个跟我一样的女汉子。在这一点上，我感受到了无力，到现在也并没有好的方法去改变。

《论语》中提到：“其身正，不令则行，其身不正，虽令不从。”虽本意是讲为官之道，但是放在教育上也是适用的。所以，不要试图用语言去控制孩子，要用你的行为去影响孩子。父母的一言一行都在潜移默化地影响着自己的孩子，身教重于言传，所以你想孩子成为一个什么样的人，你自己首先得成为一个什么样的人。你希望孩子是一个自律的人，你首先要做到自律；你希望孩子优秀，那你自己也必须是一个优秀的人。

高质量陪伴

现在的父母，工作一般都比较忙，很难有大量的时间陪伴孩子。尽管如此，也无须焦虑。在我看来，给孩子高质量的陪伴远胜过长时间的陪伴。高质量的陪伴会成为孩子成长的动力，会帮助孩子养成健康的人格。

我平时陪孩子的时间不多，但我会保证陪伴的时光高质量。比如我每天会抽出 15 分钟陪孩子聊天，这期间我不看手机，也不三心二意地想着工作，专心地陪她，听她说说今天发生的事，了解她今天的心情。这种陪伴对孩子来说就足够了。

其实女儿小的时候，我也有过一段时间的自责。那时候我太忙了，一个礼拜可能只有一天能陪女儿睡觉，女儿因为太担心我离开，怕我出差，出现了焦虑性尿频。只要我陪着她，她就需要不停地上厕所。看到女儿这样，我特别内疚。但当时她爸爸给我提了个醒，说：“孩子妈，你记住了，你千万不能对孩子产生这种亏欠的心态，一旦有了，还让孩子感觉到了，那你就得欠她一辈子了，你一辈子都要带着这种心态跟她相处。”老公的这些话让我醍醐灌顶。从那以后我都会大大方方地跟孩子说：“我和你各自有各自的人生，我们之间是互不相欠的。你不能觉得妈妈没时间陪你就是错误的。因为妈妈也有自己的梦想，我的人生得过得精彩，这样你才会开心啊。如果我不开心，你会开心吗？”她说：“我不会开心。”我说：“所以，我们每个人都得先保证自己过得快乐、充实，才能让身边的人快乐吧？”她听完就会点点头。

但话说回来，我还是会给她解释清楚不能陪她的原因，并承诺自己每个周日一定会全天陪她，一起去参加活动，还可以把过去一周积攒的事情和情绪集中起来聊一聊。她现在特别喜欢跟我聊天，周日也成为我们专属的亲子时光。

陪伴的质量比陪伴的时长重要得多。陪伴，不是说让你整天在孩子旁边待着，也不是说，你跟孩子待在一个房间里，但你们各自做各自的事情。高质量的陪伴很简单，只要做到三点就足够了：接纳认可孩子，以孩子为中心，参与他的活动。

母亲能影响孩子的一生。一位可以创造稳定、愉悦的家庭氛围的母亲，是孩子幸福一生的关键。

佛系面对孩子的学习和兴趣爱好

“我吃过的盐比你吃过的饭还多”“我都是为你好”“你这么小，懂什么”……我想大多数人应该都是伴着这些“耳熟能详”的口头禅长大的。很多父母总是把自己的意志强加给孩子，按照自己的人生观、价值观来要求孩子。那么孩子在情感上就会感觉不到父母对他的爱，会觉得父母不理解、不认可、不尊重自己的选择，最终会恶化亲子之间的关系。其实父母只需要做好孩子成长的协助者就好，关于孩子的兴趣、爱好等选择，家长佛系地面对就好。

我跟老公很早就达成了一个共识——我们自问能不能接受孩子将来成为一个平庸的人？我俩不约而同地给出了肯定的答案。我觉得这一点特别重要，你应该懂得并接受孩子不是来完成你的梦想的，或者说是站在你肩膀上，必须超越你的。身为父母，要学会接受孩子的平庸，接受孩子对未来的选择，只需要教会他对自己的选择负责。

父母要学会欣赏孩子的成长过程，去发现其中的奇妙和惊喜。

用老公的话来说，就是“静待花开”。

大多数父母的心态跟我俩还是不同的。比如我女儿曾跟另一个家庭的小孩一起玩手机，他的父母看到后，就再也不许孩子跟我女儿玩了。因为他们是禁止孩子碰手机的。我们虽然会对孩子玩手机的时长有限制，但不会完全禁止。这毕竟是个网络时代，很多互联网的语境是需要孩子去接触的，我觉得孩子应该在一定程度上接触网络，才能慢慢了解和适应这个世界。

我们看着孩子茁壮成长，就像精心培育一棵小树，我们既要及时修剪，又要给予自由成长的空间，不能禁止它长枝杈，不能要求它必须长得笔直。这种僵化的教育模式，只会限制了孩子的发展。

很多家长觉得自己家的孩子学什么都是三分钟热度。这其实很好解决，孩子想学什么，我们就先带他体验。体验完了，我们问孩子要不要续费？如果孩子说要，我们就交钱；试过以后孩子不喜欢，那就放弃。我女儿什么都试过，画画、围棋、舞蹈、钢琴、架子鼓……她也放弃了很多，但有一样坚持下来了，就是弹钢琴。她再累也不想放弃。这种孩子自然而然生长出来的兴趣，跟我们强迫她去坚持一个爱好相比，她更能学好，也更容易乐在其中。

时代在发展更替，在孩子的成长、知识的更替面前，我们要认识到自己的局限性，可以给予一定的指导，但是不能控制孩子的发展和选择。想想我们的父母，都是带着他们的那个时代局限性在教育我们，我们在教育下一代时也一样，也有自己的局限性。因此我们必须认识和接受这一点，允许孩子在自己的时代自由地翱翔。

恩威并施，严慈相济

说了这么多对孩子自由的尊重，是不是就意味着彻底放任孩子呢？当然不是。在家庭教育中，父母要做到恩威并施，严慈相济。针对生活和学习习惯、建立责任意识等会影响孩子一生的原则性问题时，家长必须要态度坚决，守住底线。父母和孩子共同制定合理的家规并遵守，也不失为一个好的办法。

对于女儿写作业、收拾书包这些事儿，即便她再抵抗，我也会要求她自己完成。我会告诉她："如果你的书包没收拾好，作业没带，第二天老师批评你了，这就是你自己的责任。如果你不想被老师批评，你就得自己收拾好。"我要让孩子明白这是她自己的事情，没有人能帮她。我还会要求她做好每天晚上写作业的时间管理，如果想早些睡觉，就要快速、认真地完成作业，如果因为贪玩耽误了写作业，那即使再困，她也得把作业写完再睡。因为这是她自己的事情，她要对自己负责。

在涉及原则性问题上，父母千万不能心软。有些妈妈看孩子写作业写到很晚就心疼了，于是帮着写。这会使孩子的惰性越来越强，时间久了分不清自己的责任是什么，父母的责任是什么。我跟我女儿说：“你想要 10:30 以前睡觉也可以，但你得明天早起继续写，总之你自己去决定是今天晚上写还是明天早上写。”在养成好习惯和自己负责这些事儿上，我的态度完全没有商量的余地。现在在孩子这些生活和学习方面，我很轻松，几乎不用操心。孩子也很轻松，所有她自己的事情都能自己搞定，还安排得井井有条。

有些父母在管教孩子时常常本末倒置，在时间管理和习惯养成上很松懈，什么都替孩子做，然后在孩子的天性和爱好上，又对孩子极度控制。所以，张弛有度，恩威并施，严慈相济，是父母的必修课。

最后，我想对所有的妈妈说，你能给孩子最好的礼物，就是给孩子创造一个有爱的家庭环境。如果不能，至少要把孩子当朋友一样去尊重。他们来到这个世界，只是碰巧跟我们产生了一段深厚的缘分，最终，能为他们的人生负责的只有他们自己。我们要做的，就是和孩子共同成长，每个人都能自由地实现自己的追求和价值，无畏无惧。

女性交友需谨慎，辨别可为与不可为

对于女性来说，无论跟父母、老公、孩子的关系多么和睦、亲密，都不能缺少朋友。相比于男性，女人更需要友情的情感滋养。当生活中遇到困惑，或者心情不好时，找同龄的女性朋友去倾诉，能够让女人感受到理解和陪伴，释放内心的压力和情绪。所以，好的朋友，可以让女性找到安放身心的港湾，感受到支持和力量，在关键时刻如虎添翼，实现更飞速的成长。

闺密

四种朋友不能交

闺密情固然重要，可这并不意味着我们可以无选择地交友。我在过去的几十年里，遇到过很多人，拥有过很多朋友，有些曾经亲密无间，最终却形同陌路；有些同甘共苦，相伴几十年。因此，在交友上，我认为要结交高质量的朋友，而不是给不了情绪养分且消耗自己的朋友。

哪些朋友不值得交？我觉得可以分为四种。这四种朋友，即便主动靠近你，你也应该尽量远离。

爱攀比、爱嫉妒的朋友，不能交

女人天生爱嫉妒，她们渴望从关系中寻求归属感，又期待能够从与朋友的对比中找到价值感和成就感。我们在本书开始提到过人的嫉妒心成因，有一部分是源自天性。因为当你跟同性竞争中更有优势时，你才更有资本去争夺异性和资源，也才能更好地生存。

但是好的闺密不会视你为对手，她也会有嫉妒心，但是不会把你作为竞争对象，而是把攀比心安放在更大的世界和人群上，比如她的职场对手。她希望自己好，也希望你好，因为在她看来，在芸芸众生中你们是“自己人”，她需要比较和嫉妒的是“外人”。

但是很多女性缺乏自信，尤其喜欢从跟身边的人比较中找到自己的定位。如果她比身边的朋友更出色，自己像红花，别人像绿叶，就会心生优越感；如果她不如别人，就会产生强烈的嫉妒心和攀比心。在这类女性的心里，只有她过得比你好，她的心里才爽。

前段时间有个认识多年的好友打电话找我借钱，我俩关系很不错，而且她急用钱，于是我就借了。可挂电话前她说了一番话，让我俩多年的友情出现了裂痕。她说：“谁让你现在发展得这么好呢？谁让你现在这么有名呢？你现在可是逆袭丁姐啊，在北京住着大房子，事业、生活都那么成功。”

我当然听得出来，她不是真心地夸赞，而是嫉妒我。在她看来，她找我帮忙，我就要帮助她。因为我现在比她成功，她有理由找我索取。她的潜台词仿佛在告诉我：我之所以找你借钱，是因为你混得比我好。

一个朋友，在你穷困潦倒时与你交好，但在你发达时不是为你开心，恭喜你，而是嫉妒你，想办法利用你。这样的友谊是不健康的。

挂了电话后，我也减少了跟她的来往。因为在我心里，她已经不值得我去珍惜了。

把你当作情绪垃圾桶的朋友，不能交

如果一个朋友在你面前只懂得倾诉，不懂得倾听，把你作为她的情绪垃圾桶，也需要远离。

人人都有糟糕的情绪，都有遇事不顺的时候，虽然朋友是我们情绪的栖息地，可以给我们安慰和支持，但是我们也不能无度地、完全失去分寸地倾诉。

有些人特别爱抱怨，她们就像是生活的评鉴家，遇到什么事情都能发表几句牢骚，而且经常是长篇大论的牢骚。比如，没完没了地吐槽伴侣，吐槽工作上的事儿，吐槽家长里短，甚至吐槽楼上邻居制造的噪声。很多事情看似很小，但是她就是能够大作文章。我遇到过这样的朋友，只要一聊天就没完没了地抱怨这，抱怨那，指责别人怎么怎么不对，标榜自己怎么怎么宽容大度。听完她的抱怨，我都能感受到胸口堵得慌，甚至产生生理性的抗拒。

我在生活中也经常遇到烦心事，但我很少找朋友抱怨，最多只聊一会就转向询问对方最近生活怎样。因为我很清楚抱怨解决不了问题，也会给朋友徒增烦恼。求人不得，反求诸己，这是我应对困难的方法。当生活中遇到了问题，我们应先从自己身上找原因，而不是怨声载道，怨天尤人。如果一个人只会从外部找原因，把自己塑造成一个完完全全的受害者，那根本无法解决问题。

朋友的价值是让我们明白哪怕生活再糟糕，也有人关心自己，陪自己前行，而不是完全去容纳自己生活所有的槽点。你有你的不容易，我有我的不顺心，但我们相互鼓励，都可以渡过生活的不愉快时刻，这是朋友的意义。

所以，即便我们找朋友倾诉，也应该有度，要有边界意识，还要有同理心，去换角度思考如果自己向朋友传播太多的负面情绪，会不会影响她的心情。再好的关系也不是用来消遣的，所以，千万不能为了舒缓自己，而过度消耗友情，否则友谊不会长久，再有耐心的朋友也会有远离的一天。

如果你身边有满腹牢骚的朋友，你要学会远离，不要成为她情绪的垃圾桶。

爱八卦的朋友，不能交

八卦是女人的一大通病，女人们聚在一起，家长里短地说三道四，会让人快乐。讲讲谁跟谁擦出爱情的火花了，聊聊谁做了蠢事、错事，是件很过瘾的事。

但是爱八卦的人不值得交，一个爱八卦的人喜欢把别人的不堪和丑事作为谈资笑料，通过揭别人的短来刷自己的存在感。即便你是她的朋友，当你遇上事时，她依然可以跟别人八卦，把你作为笑柄。在你需要帮助的时候，她可能就是站在旁边看你笑话的人。

我们也要严于律己，不要让自己成为这种讨人厌的人。八卦别人，虽然能够带来时下的快感，但是确是一种损人不利己的行为。八卦领导，带来的后果是领导不信任自己，不重用自己；八卦朋友，导致自己的朋友越来越少。

心理学上有个定律叫吸引力法则，指的是你关注什么，就会吸引什么。如果你不喜欢一个人，那个人也不会喜欢你。如果你不尊重别人，别人也不会尊重你。当你八卦或议论别人的时候，你对这个人发出的是负面的能量。同样，对方对你也不会产生积极的能量。这就是吸引力法则。吸引力法则给双方创造了一个关系磁场，所以你夸赞的人越多，会导致越多人喜欢你，你的人缘就越好，机会也越多。

负能量爆棚的人，不能交

负能量爆棚和抱怨是有区别的。一个爱抱怨的人的典型表现是外归因，他们只要不顺心就埋怨外部的力量，而不从自己身上找原因。他们可能表现出很高涨的生活激情，但是没有健康的抗挫力。而负能量爆棚的人的典型表现是消极、悲观，他们可能不会埋怨别人，但是总觉得生活没意义、工作没意义，做什么事情都提不上兴致，每天死气沉沉。

这种人的内心非常空洞、脆弱、自卑，没有生活的激情和斗志。跟这样的朋友相处，你会感觉到无力，不仅无法影响她更积极地生活，还会让自己的情绪布满阴霾。谁都喜欢阳光、能够给人带来暖意和惬意的人。但在负能量爆棚的人身上，你感受不到一丝阳光。

因此，爱攀比嫉妒的人，习惯把别人作为情绪垃圾桶的人，八卦成性的人，以及负能量爆棚的人，我们都要谨慎结交。

如何找到细水长流的朋友

如何找到可以长久相处、细水长流的朋友？我觉得可以从三个方面来找寻。

能做情绪后花园的朋友

这类朋友的性格可能很幽默，也可能很爽朗，又或者很安静，但她们都有一个共同的特征：同理心很强。

同理心，又叫共情能力，是一个人能够站在别人的角度设身处地为别人分忧的能力。同理心强的人善于倾听，总是充满积极的能量，能够在你快乐时分享你的快乐，在你烦恼时给你安慰和陪伴。更重要的是，他们的内心很强大，不会在你心情不好时，也跟着变得心情不好。他们能用自己强大的能量来抚慰你，给你支持。

跟这类朋友在一起，你可以获取情绪养分，无论聊开心或者不开心的事，都能完全处于信任和放松的状态，使身心得到慰藉。如果你的朋友中有这么一个“情绪后花园”，那就是很幸运的事。当你需要陪伴时，她可以给到你最舒服的依靠和陪伴，不会苦口婆心地跟你讲道理，会用理解你且你喜欢的方式出现。

事业强者

第一类朋友可以给你精神的支持，而这类朋友可以给到你事业的帮助。他们是某个领域里非常专业的强者，可能是创业者，也可能是公司高管，又或者是已经实现财务自由的人。总之，他们在过去或现在都是职场上的强者，能够给你事业上的助力，在跟他们的交流中你可以学到很多。我的这类朋友里，男性居多。

如果你跟我一样是一个事业型的女性，那么要用心结交这类朋友。作为一名创业女性，我遇到过很多难解的问题，但是在这类朋友眼里根本不是难题。因为他们都是职场上过五关斩六将的高手。在融资、公司管理、资源整合方面，他们的经验和助力让我遇到的难题迎刃而解。

这类朋友不需要联系上多紧密，一年可能只是联系一两次。我只有在遇到具体问题、需要求助时，才会联系他们，描述下我的现状、遇到的问题及想要得到的帮助。当问题解决后，我还会联系对方汇报自己的近况，以表达我的感激和尊重。

你的朋友圈里比你专业技能厉害，又曾帮助过你的人，都可能成为你的朋友。但是要注意，想要跟强者交朋友，首先你得是个自强的人。因为，强者都“惺惺相惜”，愿意帮助“自强者”。我之所以拥有很多这样的强者朋友，是因为我自己足够积极，上进，能吃苦，在他们眼里，我有被帮助的资格和潜力。因为我这把小火本身烧得挺旺，他们只需要给我加两把柴，就能燎原。所以你得让对方坚信你目前虽然不算强，但是有成为“强者”的潜力。他们帮助你，给你建议，能获得什么？你的成功能够验证他们的能力，他们自然也可以获得成就感。

武林高手谁不想培养“可造之才”呢？所以，你要让自己成为被高手看得起的“可造之才”。

兴趣拼图型朋友

很多人对友情的重视甚至高于爱情，足以说明友情对我们人生的重要性。人生的意义在于体验，虽然我们每个人奔跑在属于自己的人生大道上，但是如果有人在某个方面陪你沿途去欣赏更美的风景，岂不乐哉？因此，对于有着不同兴趣、爱好的人，我更喜欢结交。因为他们擅长的、喜欢做的事儿，恰好是我所欠缺的。那么与他们结交，可以让我的生活更丰富、美好。

我有一个朋友是时尚达人，特别喜欢研究穿搭、美妆，而我以前是不注重穿搭的，在穿着打扮上十分随意。她十分乐意跟我分享自己的穿搭心得，把自己花时间、金钱换来的宝贵变美经验倾囊相授，让我的形象大大提升。对于她来说，看到自己的“教学成果”，也是一种强大的成就感。

还有一个朋友喜欢研究各种旅游攻略，而我又特别爱旅游，可是往往没时间去准备。于是我们几个姐妹就组团玩，她负责把攻略做好，我们直接跟着她上路。对于我来说，节省了时间，满足了旅游瘾，收获了愉快的旅途；对于她来说，我们对攻略的满意让她觉得自己的能力被肯定，也获得极大满足。

还有一些朋友，他们的情感经历十分丰富，跟他们相处让我建立起更加成熟的恋爱观和感情观，使我能够更理性、通透地处理情感问题。

这些都属于拼图型朋友，他们擅长的恰恰是你欠缺但又急需提升的，或者你所擅长的是对方渴求但没有的，你们可以彼此取长补短，让自己的生活更圆满。

提升你的社交资格感

如果你的生活中，能够同时拥有上节我所说的这三类朋友，从情绪，到事业，到兴趣，都有人陪你去成长和体验，那么你真的太幸运、太幸福了。

任何的友情都是相互的，如果在一段友情中，你一味地索取，使对方一直处在付出的状态，而无法从这段关系获得回报，那很难长久。所以，如果你想拥有这三类朋友，你也要培养自己能够靠近对方的能力，即提升自己的社交资格感。

所谓社交资格感，就是你有怎样的能力，就结交怎样的朋友。如果你的情绪调节能力强，那么你也容易交到情绪后花园型朋友。我在生活中比较注意自己倾听能力的培养，当朋友需要时，我也能够很好地共情他们，帮助他们解忧。虽然我工作很忙，但只要朋友需要，我一定会排除万难去提供陪伴。

如果你有很强的事业打拼能力，并且有很强的事业心，那么你容易交到强者型朋友。如果你是恋爱脑，心思压根不在事业上，事业型强者跟你也难以处出交情。虽然我的这类朋友都很强，但是我也足够自强，愿意去信任他们并在自己的事业中验证他们的建议和想法，我也会把自己作为一线创业者所观察到的新鲜见闻反馈给他们。

如果你愿意接受新事物，并且有自己独特的魅力，你也会吸引一些有独特兴趣爱好的人靠近你。所谓兴趣拼图型朋友，意味着你和对方能够实现爱好或能力的互补。我是对新鲜事物特别着迷的人，所以别人跟我分享自己的爱好时，常常能够获得成就感。而且跟我的这些朋友相处时，我经常解答他们的工作困惑，作为老板我对于职场问题有着不同的解决思路，因此能够帮助他们出谋划策，解决职场上的难题。

所以，你要让自己有很强的社交资格感，让别人愿意靠近你。当你想要结交什么样的朋友时，先想想自己能够贡献什么，以及别人跟自己相处能够获得些什么。

在跟朋友相处时，我还有个准则，那就是：敢于说真话。真正的朋友相处时，是不会因为你指出了对方的缺点而远离你的。每个人都有缺点，如果带着这些缺点生活而不自知，那么永远得不到进步。很多人有一大堆朋友，但建立起的都是溜须拍马、相互吹捧的关系，即便看到了缺点也不指出来，这样的关系并不能给个体带来成长。只有能把你的缺点、短处真实指出来的人，才能真正推动你的成长和进步。当然你也要有接纳自己不完美的勇气，不能只听好话，听到真实的反馈就抗拒。

我朋友会直言不讳跟我说："丁俊云，你太直、太刚了。"我听后会认真反思，发现自己确实存在这样的缺点，所以在与人沟通上就刻意注意用词，以免让对方感觉不舒服。

朋友不在于数量，而在于质量。当你能够按照本章标准去择友时，你会发现自己的朋友圈质量越来越高，自己的生活、工作也越来越顺畅。

那些在努力奔跑时流下的汗水和泪水，也都会有安放的地方。

而你，也拥有了告别孤独的力量。

送你一套
枕边书，
用知识滋养
你的成长。

如果你想要跑赢有限的人生，活出更好的自己，那学习是永无止境的。多读书，多学习，能够让我们的内心平静下来，在明智的过程中对过去、当下与未来有更深刻的思考。读书是一件快乐的事，每天不需要限制多长的阅读时间，早晨起床、晚间睡觉前，阅读十几、二十分钟，十分有益。所以，行动起来，养成枕边放本书的好习惯，让知识陪伴自己度过一个个夜晚，走过一段段人生。

逆袭枕边书

提升职场技能的书籍

《一年顶十年》 作者：剽悍一只猫

剽悍一只猫是我特别佩服的一个牛人，他能把自己倡导的原则践行到极致。在这本书中，他围绕时间管理、精力管理、情商、写作、个人品牌、吸引贵人等个人跃迁方面给出了比较切实、完整的建议，并结合实际案例给出了具体落地的指导，让你在职场生涯的一年间创造别人十年才能创造的价值。如果你想在职场发力，这本书可以给你启发。

《成长的边界》 作者：大卫•爱泼斯坦

如果你在职场道路上感到迷茫，正纠结是走专业路线还是管理路线？是进入大平台充当螺丝钉，还是去小公司做万金油？又或者你是一名全职妈妈，不确定让孩子深钻学习一项特长，还是保持兴趣广泛，每种课程班都涉猎一点？通过阅读这本书，这些问题的解决思路就可以在你脑海里清晰起来。书中有个观点，说人工智能时代，通才比专才更灵活、更抗波动，与人工智能相比更具有竞争力，而且更重要的是，通才活得更丰富、有趣。因此，看看这本书，可以帮助你和孩子共同成长，在未来获得更大的竞争力。

《拆掉思维里的墙》 作者：古典

在这本书里，古典结合巴菲特先投资后买房的故事，帮我们分析了一个人在思想、事业和个人生活三个层面可能会有的思维局限，并讲解了如何打破这些思维局限，走向更加成功和幸福的人生。思维方式，是拉开人与人差距的核心因素，打破思维的惯性，才能找到新的人生打开方式。

古典是生涯规划领域的专家，他关于职业发展的见解，能够给我们提供工作指导，还能教会我们如何找到内心的基线，找到自己心仪的工作。

家庭育儿方面的书籍

《父母话术训练》 作者：李静

这是一本针对 3 ~ 13 岁孩子的心理特点、个性倾向、思维方式写就的沟通手册。在这本书中有一个很好的观点：父母的语言里藏着孩子的未来，通过有效的语言沟通方式能够教会孩子如何更正确地解决问题，构建更健康的亲子合作关系。本书采取的是图文形式，生动还原了各种亲子对话的场景，不仅给你提供沉浸式的阅读体验，还给你提供了沟通的具体方法、原则及拿来就用的话术模版。看这本书，对我和女儿的关系帮助很大，我们能够像朋友一样相处，很大程度上得益于本书教我的不吼不叫、不急不催、不唠叨说教地做家长。因此，如果你想要告别亲子之间的暴力沟通，与孩子形成良好的沟通模式，这本书可以告诉你答案。

《 人生由我 》 作者：梅耶 • 马斯克

这本书是“硅谷钢铁侠”埃隆 • 马斯克的母亲梅耶 • 马斯克写的一本自传，在文中我们提到过这本书。在本书的最后，我还想正式推荐一次。埃隆 • 马斯克也曾赞叹母亲才是自己的英雄，是一个比埃隆 • 马斯克更酷、更硬核的母亲。她曾经历长达 9 年的家暴之苦，成为破产的单亲妈妈，在持续学习下成为拥有两个硕士学位的营养师，并独自带着三个儿女辗转三个国家、九个城市生活。本书内容给我的最深印象，就是这位母亲教育儿女的方法。如此硬核的母亲能够教育出如此硬核的孩子，你有理由好好阅读下她的自传。

提升亲密关系的书籍

《男人来自火星，女人来自金星》 作者：约翰•格雷

这是一本非常经典的两性书籍。在生活中，我们常说男人和女人来自完全不同的两个星球，就是从这本书延伸出来的理念。读完这本书你会发现，男女思维的差异，几乎可以算得上两个物种的差异了。在亲密爱人的眼里，对方就像是外星人一样让人难以理解。那么如何更好地理解男人与女人的差异，如何找到男女相处的平衡点，是每段亲密关系都需要学习的功课。而这本书，可以告诉你。

《 如何让你爱的人爱上你 》 作者：莉尔 • 朗兹

这本书是国际著名情感专家莉尔 • 朗兹写的一本情感书，非常畅销，曾经一度雄霸图书销售榜榜首。这本书从科学的角度解释了人与人之间是如何相互吸引的，并且给出了具体、实用的恋爱技巧。重要的是，这本书给我们传达了一种健康、积极的感情观，能够从生理和心理的角度让我们更清楚爱情的本质是什么。所以无论你目前是心有所属，还是单身状态，这本书都能让你受益良多。

心灵成长方面的书籍

《遇见未知的自己》 作者：张德芬

这本书非常简单易读，如果你读书快，可能一天就能读完。这本书可以帮助焦虑的现代人找到内心安宁的途径，你会在倾听一个女人的故事中去了解婚姻、感情、事业的痛苦，透过别人的故事看见自己的内心，并启发自己找到摆脱痛苦的方法。

我读完这本书，感觉自己经历了一次心灵的洗礼和自我的蜕变。我也同时对痛苦和困难产生了新的认知：我们生活中的许多烦恼都是自我创造出来的，我们讨厌某个人、抵触工作、对待遇不满等，都是我们自己在人为地放大自我。事实上，没有任何事情可以给你造成心理的痛苦。如果你觉得痛苦和不快乐，一定是你丢失了自己。

如果你觉得人生苦涩，读读这本书，你会发现人生没有过不去的坎儿。外面没有别人，只有自己。

《了不起的我》 作者：陈海贤

我们每个人的一生都在寻找三个问题的答案：我是谁，我从哪里来，我将要去往哪里。人过 30 岁，在这三个问题上的探索欲越来越强烈，也因此生出更多的焦虑和迷茫。这本书可以从心理学角度给予我们指导。我们每个人所遇到的家庭、工作、关系的问题，归根到底都是一种对自我的探索，所以人生意义的核心在于了解自己。了解自己，才能对自己的行为习惯有所觉知，也才能有意识去改变与人的关系模式；面对自我情绪，也才有更积极的化解和直面的姿态。

书的内容温暖、治愈且坦诚。读这本书的时候，你会感觉就如同在柔和的台灯下，一个人在跟你轻声细语地谈心。

《内在工程》 作者：萨古鲁

这是一本我做满了读书笔记的书，也是唯一一本我阅读过很多遍的书。几乎在任何我有疑惑的问题上，我都可以从这本书中找到对应的答案，这本书是我内在成长的长明灯。

后记

愿被忽视的女性
都活出更好的自己

后记

回首我走过的路，高中时就开始折腾赚钱；为了考取北京电影学院说服整个家族；工作后所在企业上市，自己身价暴涨到几千万，而后瞬间归零；创业经历失败，跌入人生至暗的低谷，又迎来现在阶段性的成功；一个无意的决定，令“逆袭丁姐”这个人设收获了几千万粉丝。

我高中时候的梦想是考上北京电影学院，成为一名演员。但我无论如何也不会想到，我将会以这种无法想象的方式实现我的年少梦想。

再过几天就是我 40 岁的生日，这是我送给自己的生日礼物。

人生过半，我深刻地理解到，我现在过着的每一天都是我曾经梦想的生活。我曾经也以为这样的生活一定是世界上最美好的生活，从某种程度上看，我获得了自己梦寐以求的东西。我八岁那年对宇宙许下一个愿望——想要一台冰箱，三天后我神奇地得到了一台旧冰箱。从那时开始，我就发现，宇宙吸引力会成全我所有强烈渴求的愿望。但是我并没有想象中的开心、无忧无虑。事实上，我每天需要面对的问题依然很多，甚至不比身边任何女性所遇到的少。这让我开始反思，一个人的生活到底怎样才能算成功？什么样的人生才能算对的人生？

有一次跟朋友一起带着孩子出去玩。她是一个全职妈妈，她女儿跟我说："哎呀！我妈真烦，什么都管，只要我老妈不管我，啥都好说。"朋友在旁边幸福地打趣道："那我不管你啦？"她女儿嘟着小嘴说："你还是稍微管管也行，哈哈。"这对母女的相处很自然、很放松。我突然想起我女儿，她最大的梦想可能就是自己老妈能多管管自己，可是我连这个要求都很难满足她。所以我想这位全职妈妈朋友虽然没有事业，但也不失为一种成功吧？

那么到底怎么样的人生才是成功的、真正更好的人生呢？我一直在探索，现在我想告诉你这个答案：是内在的成长，并建立对生命的觉知，以实现内心的安宁和喜悦。无论你处在怎样的环境中，处在怎样的层次上，拥有怎样的职业身份，只要你内心是安宁喜悦的，相信我，你就是成功的。

每个人都有不同的人生，都会体验喜与悲。没有一种人生是完全正确的人生，我们每个人的每一天，都在创造着独一无二的价值；我们每个人都有独特的人生体验，这些体验是我们生而为人最宝贵的财富。

本书已近尾声，我感谢自己能够全心去拥抱人生路上的悲喜，更感谢在奔跑中给予我爱与陪伴的人。

感谢我的父母，虽然他们都是农村普通又平凡的父母，但我依旧站在他们高大的肩膀上前行。如果不是他们无条件的支持和无限的爱，我不会像今天这么自信和勇敢。

感谢我的先生曾在我最黑暗的时候把他的积蓄交给我，让我用于给我的员工发工资，感谢他支持我拼搏路上的每个大大小小的决定。

感谢我创业路上的每一位同事，感谢大家的一路陪伴和热血奋斗，正是他们帮助知行易达这家公司实现了更大的价值。

感谢所有认识和支持逆袭丁姐的朋友们。谢谢你们，让我的人生分外精彩。